计算机类技能型理实一体化新形态系列

C语言程序设计基础

项目教程

（微课版）（第2版）

主　编　唐懿芳　龙立功
　　　　康玉忠
副主编　刘晓林　樊红珍
　　　　李　毅

清华大学出版社
北　京

内 容 简 介

本书通过项目实例重点讲解 C 语言结构化程序设计的基本思想、方法和解决实际问题的技巧,培养学习者设计、分析应用程序的能力和良好的编程习惯。全书共分 10 个模块,主要内容有：C 语言基础、顺序结构程序设计及输入/输出语句、选择结构程序设计、循环结构程序设计、数组的应用、函数的应用、结构体与共用体的应用、指针、文件和综合项目实践。综合项目实践模块提供了两个有趣的游戏类综合设计项目,供读者学习参考。

本书的编写理念是面向问题的学习,先提出问题,然后导入相关程序设计知识和语法知识,并采用流程图描述算法,这样思路清晰,逻辑明了,内容直观易懂。全书程序代码完整,所有程序均在 Devcpp 的环境下调试通过,便于读者学习;对问题进行了扩展分析,拓宽了读者的学习视野;技能训练举一反三,便于读者巩固、提高。

本书适合高校计算机及相关专业学生作为学习程序设计的教材,也可作为程序开发人员的学习用书。

图书在版编目（CIP）数据

C 语言程序设计基础项目教程：微课版 / 唐懿芳,
龙立功,康玉忠主编. -- 2 版. -- 北京：清华大学出版社,
2025.3. -- (计算机类技能型理实一体化新形态系列).
ISBN 978-7-302-68398-8

Ⅰ. TP312.8

中国国家版本馆 CIP 数据核字第 20251UL872 号

责任编辑：张龙卿
封面设计：刘代书　陈昊靓
责任校对：袁　芳
责任印制：杨　艳

出版发行：清华大学出版社
   网　　　址：https://www.tup.com.cn,https://www.wqxuetang.com
   地　　　址：北京清华大学学研大厦 A 座　　　　　邮　　编：100084
   社 总 机：010-83470000　　　　　　　　　　邮　　购：010-62786544
   投稿与读者服务：010-62776969,c-service@tup.tsinghua.edu.cn
   质量反馈：010-62772015,zhiliang@tup.tsinghua.edu.cn
   课件下载：https://www.tup.com.cn,010-83470410
印 装 者：三河市龙大印装有限公司
经　　销：全国新华书店
开　　本：185mm×260mm　　　印　　张：16.5　　　字　　数：377 千字
版　　次：2020 年 7 月第 1 版　2025 年 3 月第 2 版　　印　　次：2025 年 3 月第 1 次印刷
定　　价：49.80 元

产品编号：103830-01

第2版前言

本书按照"以二十大精神为引领,以学生为中心,以技能培养为目标"的思路开发及设计素质目标。在素质目标建设方面,为更好地将党的二十大报告精神融入课程教学,编者结合了教材中各任务特点、背景以及新时代要求等,特别拓展了精益求精的大国工匠精神、科学严谨的职业素养、用户至上的服务精神、协作共进的团队精神、自主创新的科学精神、社会主义法治精神等内容。

本书是国家"双高计划"专业群建设项目的重要课程——程序设计基础的配套教材。本书参考了国际上一些相关的专著和多所国内高校的同类教材,结合全体参编教师多年的教学经验和实际教学条件编写而成。

程序设计基础是培养学生程序设计逻辑和思维的入门课程,本课程的主要目标是培养学生程序设计的理念,使学生学会程序设计的基本方法,为后续课程的学习打好基础。

本书以 C 语言为载体,通过项目实例重点讲解 C 语言结构化程序设计的基本思想、方法和解决实际问题的技巧,培养学生设计、分析应用程序的能力和良好的编程习惯。全书共 10 个模块,主要内容包括 C 语言相关知识和技能的讲解;最后提供了两个有趣的游戏类综合设计项目,便于学生学习参考。

本书突出实用特色,以程序设计为主线,注重学生程序设计能力的培养,打破了程序设计语言传统教材的模式,突破原有知识体系结构的限制,采用"技能需求、问题引导、任务驱动"的方式重新组合设计教学项目与案例,以项目为载体,循序渐进地引导学生进行 C 语言知识点的学习和技能的操练。全书学习目标明确,突出知识点应用,降低了对语法细节、复杂语句等学习上的困难。本书的编写理念是注重面向具体任务并导入相关程序设计知识和语法的学习,采用流程图描述算法,全书编写思路清晰,逻辑明了,直观易懂;程序代码完整,所有程序均在 Devcpp 和 VC++ 6.0 的环境下调试通过,便于读者学习;对项目中的问题进行扩展分析,可以拓宽学生的学习视野;项目的技能训练举一反三,便于学生学习水平的巩固、提高。

本书有丰富的项目案例,便于实施"教、学、做"一体化教学。通过选用大量贴近生活实际的问题进行任务教学设计,从而激发学生的学习兴趣,使学生带着真实的任务在探索中学习,增强了学生主动学习的积极性。

本书在第 1 版的基础上修正了一些错误和过时内容,增加了拓展阅读内容,以便开阔学生的眼界,提升学生的综合素养。

本书在编写过程中制作了 11 个需要学生重点掌握的微课视频,分别是 VC++ 6.0 编程环境介绍;Devcpp 编程环境介绍;顺序结构设计及输入/输出语句;输入三角形三边长,求三角形面积;两个变量的交换;while 循环求累加值;for 循环求累加和;摆擂台求最大/最小数;冒泡排序;选择排序;函数的值传递和地址传递。此外,还制作了一些有趣的 Flash 动画,欢迎老师及同学们联系编者下载相关资源,有什么问题也可以一起讨论。

本书由唐懿芳负责规划与统稿,具体分工如下:唐懿芳编写模块 1、模块 2,李毅编写模块 3、模块 4,龙立功编写模块 5,康玉忠编写模块 6、模块 7,樊红珍编写模块 8、模块 9,刘晓林和企业兼职教师(北京中软国际教育科技股份有限公司张文)共同编写模块 10。张文还对全书的实例和知识点的选择给出了很好的建议。感谢曾文权教授为本书的完善给予的无私帮助和支持。在此对所有给予本书支持和帮助的同仁致以深深的谢意!

要编写一本令人满意的书不是一件容易的事,尽管我们反复核查,但书中难免有疏漏和错误等不尽如人意之处,敬请读者不吝指正,我们感激不尽。

编　者

2025 年 1 月

目录

CONTENTS

模块 1　C 语言基础　/1

任务1.1　输出"Hello World! Hello C!"——了解 C 语言的结构 …… 1

1.1.1　计算机程序及其设计语言 ……………………………… 1

1.1.2　第一个 C 语言程序 ……………………………………… 2

1.1.3　第一个 C 语言程序的说明 ……………………………… 2

1.1.4　C 语言程序结构 ………………………………………… 3

任务 1.2　熟悉编写 C 语言程序的环境 ……………………………… 4

1.2.1　Visual C++ 6.0 编程环境介绍 ………………………… 4

1.2.2　Devcpp 编程环境介绍 …………………………………… 8

1.2.3　C 语言程序的设计步骤 ………………………………… 12

1.2.4　C 语言程序的执行过程与上机调试步骤 ……………… 12

任务 1.3　猜牌游戏的体验——C 语言的综合运用一 ……………… 13

任务 1.4　打字游戏的体验——C 语言的综合运用二 ……………… 14

归纳与总结 ……………………………………………………………… 14

拓展阅读 ………………………………………………………………… 15

习题 1 …………………………………………………………………… 15

模块 2　顺序结构程序设计及输入/输出语句　/17

任务 2.1　计算三角形的周长和面积——数值计算 ………………… 17

2.1.1　数据的分类 ……………………………………………… 18

2.1.2　常量和变量 ……………………………………………… 18

2.1.3　数据类型 ………………………………………………… 23

2.1.4　数据的输入和输出 ……………………………………… 26

2.1.5　C 语言算术表达式与数学公式 ………………………… 30

2.1.6　程序语句序列的表示 …………………………………… 31

2.1.7　程序代码 ………………………………………………… 31

任务 2.2　密码的破解——字符运算 ………………………………… 32

2.2.1　运算符与表达式 ………………………………………… 32

2.2.2　数据类型转换 …………………………………………… 39

2.2.3 对称加密技术的引入 ···················· 40

2.2.4 运行程序 ···················· 41

任务 2.3 求解一元二次方程——数学函数和复杂公式 ···················· 42

2.3.1 常用的数学函数 ···················· 42

2.3.2 一元二次方程组的求解 ···················· 44

任务 2.4 猜牌游戏的界面——输入/输出语句 ···················· 46

任务 2.5 编程语句的规范化 ···················· 47

2.5.1 标识符命名规则 ···················· 47

2.5.2 程序版式 ···················· 48

2.5.3 注释规范 ···················· 50

2.5.4 编码原则 ···················· 51

归纳与总结 ···················· 52

拓展阅读 ···················· 52

习题 2 ···················· 53

模块 3　选择结构程序设计　　/56

任务 3.1 求数字的绝对值——if 分支判断 ···················· 56

3.1.1 if 语句形式(1)——if 形式 ···················· 57

3.1.2 if 语句形式(2)——if-else 形式 ···················· 57

3.1.3 if 语句形式(3)——if-else-if 形式 ···················· 57

3.1.4 C 语言的语句 ···················· 58

3.1.5 程序语句序列的表示 ···················· 59

3.1.6 程序代码 ···················· 59

任务 3.2 完善三角形面积计算——if-else 分支判断 ···················· 60

3.2.1 关系运算符与关系表达式 ···················· 60

3.2.2 逻辑运算符与逻辑表达式 ···················· 61

3.2.3 if 条件判断语句 ···················· 61

3.2.4 程序代码 ···················· 62

3.2.5 程序说明 ···················· 62

3.2.6 小技巧 ···················· 63

任务 3.3 学生学习成绩评定——多条件分支 ···················· 63

3.3.1 结构化程序设计 ···················· 65

3.3.2 随机函数 ···················· 65

3.3.3 多分支选择 ···················· 65

3.3.4 程序代码 ···················· 68

3.3.5 程序说明 ···················· 69

3.3.6 补充代码 ···················· 69

任务 3.4 猜牌游戏拓展——猜牌分支思考 ···················· 70

归纳与总结 …………………………………………………… 71

拓展阅读 …………………………………………………… 71

习题 3 …………………………………………………… 72

模块 4　循环结构程序设计　　/75

任务 4.1　打印抽奖号码——while 循环 ………………………… 75

4.1.1　while 循环语句 ……………………………………… 76

4.1.2　死循环 ………………………………………………… 76

4.1.3　程序设计流程图 ……………………………………… 77

4.1.4　程序代码 ……………………………………………… 77

4.1.5　程序说明 ……………………………………………… 77

4.1.6　应用拓展 ……………………………………………… 77

任务 4.2　模拟抽奖——do-while 循环 …………………………… 78

4.2.1　do-while 循环语句 …………………………………… 79

4.2.2　while 和 do-while 的区别 …………………………… 79

4.2.3　程序代码 ……………………………………………… 81

4.2.4　程序说明 ……………………………………………… 81

4.2.5　应用拓展 ……………………………………………… 82

任务 4.3　韩信点兵——for 循环 ………………………………… 83

4.3.1　穷举法 ………………………………………………… 84

4.3.2　for 循环语句 ………………………………………… 84

4.3.3　break 语句 …………………………………………… 84

4.3.4　continue 语句 ………………………………………… 85

4.3.5　break 语句与 continue 语句的区别 ………………… 85

4.3.6　goto 语句 ……………………………………………… 85

4.3.7　程序代码 ……………………………………………… 86

4.3.8　程序说明 ……………………………………………… 86

4.3.9　应用拓展 ……………………………………………… 87

任务 4.4　打印吉祥图案——循环嵌套 …………………………… 87

4.4.1　循环嵌套 ……………………………………………… 87

4.4.2　for 语句的一些特殊用法 …………………………… 88

4.4.3　算法分析 ……………………………………………… 89

4.4.4　程序代码 ……………………………………………… 90

4.4.5　程序说明 ……………………………………………… 91

任务 4.5　VC++ 6.0 程序的跟踪调试入门 ……………………… 92

4.5.1　程序断点设置 ………………………………………… 92

4.5.2　观看值 ………………………………………………… 93

4.5.3　进程控制 ……………………………………………… 94

4.5.4 实例操作 ·· 94

任务 4.6 猜牌游戏拓展——显示所选的牌 ············· 96

4.6.1 程序代码 ·· 96

4.6.2 程序说明 ·· 96

归纳与总结 ·· 96

拓展阅读 ··· 97

习题 4 ·· 97

模块 5 数组的应用 /103

任务 5.1 一名参赛选手的评分程序——一维数组 ········· 103

5.1.1 一维数组的定义 ······································ 104

5.1.2 一维数组元素的引用 ································· 104

5.1.3 一维数组的存储结构 ································· 105

5.1.4 一维数组的初始化 ··································· 105

5.1.5 程序设计思路 ··· 106

5.1.6 程序代码 ·· 107

5.1.7 程序说明 ·· 107

任务 5.2 多名参赛选手的评分程序——二维数组 ········· 108

5.2.1 二维数组的定义 ······································ 108

5.2.2 二维数组元素的使用 ································· 109

5.2.3 程序设计思路 ··· 110

5.2.4 程序代码 ·· 110

任务 5.3 参赛选手的成绩排名——冒泡排序和选择排序 ··· 111

5.3.1 冒泡排序 ·· 112

5.3.2 选择排序 ·· 113

5.3.3 冒泡排序和选择排序的比较 ······················ 114

5.3.4 程序设计思路 ··· 114

5.3.5 程序代码 ·· 114

任务 5.4 输入英文句子统计单词数——字符数组与字符串 ··· 115

5.4.1 字符型数组 ··· 116

5.4.2 字符串和字符串结束标志 ·························· 116

5.4.3 字符串的输入/输出 ································· 117

5.4.4 字符串处理函数 ······································ 117

5.4.5 程序设计思路 ··· 120

5.4.6 程序代码 ·· 121

5.4.7 程序说明 ·· 122

任务 5.5 猜牌游戏拓展——数组的应用 ················· 122

归纳与总结 ·· 124

拓展阅读 ………………………………………………………………………… 124

习题 5 …………………………………………………………………………… 125

模块 6　函数的应用　　/128

任务 6.1　打印字符图形——函数的定义与调用 ……………………………… 128

　　6.1.1　函数的概念及分类 …………………………………………………… 129

　　6.1.2　定义函数 ……………………………………………………………… 129

　　6.1.3　函数的调用 …………………………………………………………… 130

　　6.1.4　形式参数和实际参数 ………………………………………………… 131

　　6.1.5　程序设计流程 ………………………………………………………… 131

　　6.1.6　程序代码 ……………………………………………………………… 131

　　6.1.7　程序说明 ……………………………………………………………… 132

任务 6.2　小学生加减法算术测试竞赛程序——有参函数 …………………… 133

　　6.2.1　模块化程序设计 ……………………………………………………… 133

　　6.2.2　函数的分类 …………………………………………………………… 133

　　6.2.3　函数的返回值 ………………………………………………………… 134

　　6.2.4　函数调用中参数的传递方法 ………………………………………… 134

　　6.2.5　程序设计流程 ………………………………………………………… 135

　　6.2.6　程序代码 ……………………………………………………………… 136

　　6.2.7　程序说明 ……………………………………………………………… 137

任务 6.3　排序——函数的调用及地址传递 …………………………………… 137

　　6.3.1　地址传递 ……………………………………………………………… 137

　　6.3.2　函数原型说明 ………………………………………………………… 138

　　6.3.3　全局变量、局部变量与变量的作用域 ……………………………… 139

　　6.3.4　程序设计流程 ………………………………………………………… 139

　　6.3.5　程序代码 ……………………………………………………………… 140

任务 6.4　递归算法——函数的嵌套调用与递归调用 ………………………… 141

　　6.4.1　函数的嵌套调用 ……………………………………………………… 141

　　6.4.2　函数的递归调用 ……………………………………………………… 142

　　6.4.3　程序代码 ……………………………………………………………… 143

　　6.4.4　递归函数的执行过程 ………………………………………………… 143

归纳与总结 ……………………………………………………………………… 144

拓展阅读 ………………………………………………………………………… 145

习题 6 …………………………………………………………………………… 146

模块 7　结构体与共用体的应用　　/149

任务 7.1　熟悉结构体 …………………………………………………………… 149

　　7.1.1　结构体数据类型的定义 ……………………………………………… 150

7.1.2　结构体类型变量的说明 ……………………………………………… 151

7.1.3　结构体变量成员的引用 ……………………………………………… 152

7.1.4　结构体变量的赋值与初始化 …………………………………………… 152

7.1.5　结构体数组的说明与初始化 …………………………………………… 153

任务 7.2　扑克牌人机游戏——结构体应用 …………………………………… 153

7.2.1　程序设计流程 …………………………………………………………… 153

7.2.2　程序代码 ………………………………………………………………… 154

任务 7.3　共用体类型 …………………………………………………………… 157

7.3.1　共用体数据类型的定义 ……………………………………………… 158

7.3.2　共用体数据类型的应用 ……………………………………………… 158

归纳与总结 ……………………………………………………………………… 159

拓展阅读 ………………………………………………………………………… 160

习题 7 …………………………………………………………………………… 160

模块 8　指针　　/162

任务 8.1　使用指针计算圆的面积——指针的定义 …………………………… 162

8.1.1　指针与指针变量 ……………………………………………………… 163

8.1.2　指针变量的定义 ……………………………………………………… 164

8.1.3　指针变量的初始化 …………………………………………………… 164

8.1.4　程序代码 ………………………………………………………………… 165

任务 8.2　猜数游戏——指针指向一维数组的应用 …………………………… 166

8.2.1　指针指向数组 ………………………………………………………… 167

8.2.2　指针的移动 …………………………………………………………… 168

8.2.3　通过指针引用数组元素 ……………………………………………… 168

8.2.4　指针变量作为函数的参数 …………………………………………… 169

8.2.5　程序代码 ………………………………………………………………… 170

任务 8.3　字符串纠正程序——指针指向字符串 ……………………………… 172

8.3.1　字符串的表示形式 …………………………………………………… 172

8.3.2　字符指针在字符串处理函数中的使用 ……………………………… 173

8.3.3　空格和大写字母的判断 ……………………………………………… 174

8.3.4　程序代码 ………………………………………………………………… 174

任务 8.4　猜牌游戏——指针的简单综合应用 ………………………………… 175

8.4.1　类型定义关键字 typedef ……………………………………………… 175

8.4.2　指向结构体变量的指针 ……………………………………………… 176

8.4.3　结构体指针变量作为函数参数 ……………………………………… 177

归纳与总结 ……………………………………………………………………… 178

拓展阅读 ………………………………………………………………………… 178

习题 8 ·· 179

模块 9　文件　　/182

任务 9.1　将字符写入文件——文件的定义及简单应用 ···························· 182
9.1.1　文件的概念 ··· 183
9.1.2　文件的存储 ··· 183
9.1.3　文件指针的定义 ··· 183
9.1.4　文件的处理 ··· 183
9.1.5　打开文件 ··· 184
9.1.6　文本文件的读/写 ·· 185
9.1.7　关闭文件 ··· 185

任务 9.2　简单的考试出题与评分系统——文件格式化读/写 ··················· 187
9.2.1　打开多个文件 ·· 187
9.2.2　格式化读/写函数 fscanf()和 fprintf() ······································· 187

任务 9.3　简单的人事信息管理系统——文件数据块的读/写 ··················· 190
9.3.1　数据块读/写函数 fread()和 fwrite() ·· 190
9.3.2　文件随机定位函数 ·· 191

任务 9.4　猜牌游戏拓展——将用户名及选牌写入文件并保存 ·················· 193
归纳与总结 ··· 194
拓展阅读 ·· 194
习题 9 ·· 195

模块 10　综合项目实践　　/197

任务 10.1　打字小游戏 ·· 197
10.1.1　功能描述 ·· 197
10.1.2　系统设计 ·· 197
10.1.3　关键技术 ·· 199
10.1.4　程序实现 ·· 200
10.1.5　运行结果 ·· 206

任务 10.2　人机互动猜牌游戏 ·· 207
10.2.1　功能描述 ·· 207
10.2.2　系统设计 ·· 207
10.2.3　关键技术 ·· 207
10.2.4　程序实现 ·· 209
10.2.5　运行结果 ·· 213

拓展阅读 ·· 214

附录 /216

附录 A 常用的 C 语言库函数 ………………………………………………… 216

附录 B C 语言常见错误分析 ………………………………………………… 221

附录 C ASCII 码表 …………………………………………………………… 229

附录 D 习题参考解答 ………………………………………………………… 230

参考文献 /250

C 语言基础

通过本模块的学习,读者将对 C 语言和程序设计有一个初步的认识,熟悉 Visual C++ 6.0(VC++ 6.0)或 Devcpp 的集成开发环境。通过自己动手编写第一个 C 语言程序,读者可以了解 C 语言的基本语法和编写 C 语言程序的基本思路。

工作任务

- 输出"Hello World! Hello C!"——了解 C 语言的结构。
- 熟悉编写 C 语言程序的环境。
- 猜牌游戏的体验——C 语言的综合运用一。
- 打字游戏的体验——C 语言的综合运用二。

技能目标

- 了解 C 语言的结构和语法规则。
- 学会编写一个简单的 C 语言程序。
- 了解 C 语言简单的输入/输出语句。
- 了解 C 语言的实验环境及上机步骤。

任务 1.1 输出"Hello World! Hello C!" ——了解 C 语言的结构

任务描述

在屏幕上显示一行"Hello World! Hello C!"的文字。

任务分析

为了创建出第一个 C 语言程序,首先应了解 C 语言的程序结构和输出函数 printf( ) 等语句的用法,并熟悉相应开发工具的使用。

1.1.1 计算机程序及其设计语言

"程序"这两个字从字面上理解是指一件事情进行的先后次序。计算机程序则是让计算机有步骤地完成某项工作。要让计算机完成某项工作,人们需要把事情描述出来让计算机理解,这种人机之间交换信息的工具称为计算机程序设计语言。

自从世界上第一台计算机于1946年问世以来,用于编写计算机程序的程序设计语言由机器语言发展到汇编语言,又由汇编语言发展到高级语言。

机器语言是指计算机本身自带的指令系统。计算机的指令是由二进制数的序列组成的,用来控制计算机进行某种操作。用机器语言编写的程序不必通过任何翻译处理,计算机硬件就能够直接识别和接受。因此,用机器语言编写的程序,具有质量高、执行速度快和占用存储空间少等优点,但它缺乏直观性,并且难学、难记、难检查以及难修改。

为了解决机器语言的缺点,出现了汇编语言。汇编语言是一种面向机器的程序设计语言,它用助记符和符号地址代替机器指令,这使它变得易记,读起来更容易,检查及修改更方便。但是用汇编语言编写的程序并不能被计算机直接识别和接受,必须由一个起翻译作用的程序将其翻译成机器语言程序计算机才能执行,这个起翻译作用的程序通常称为汇编程序,这个翻译过程称为汇编。

汇编语言的缺点是依赖于具体的机器,不具有通用性和可移植性,且与人们习惯使用的自然语言和数学语言相差甚远,因此又出现了所谓的高级语言。

高级语言是一种更接近于人们习惯使用的自然语言和数学语言的程序设计语言,人们用它来编写计算机程序。比起使用机器语言和汇编语言,高级语言显然要方便很多。

C语言就是一种高级语言,它用比较接近人的思维和表达问题的方式来描述问题并规范计算机程序,然后以编译的方式进行翻译。

1.1.2 第一个C语言程序

【例1.1】 在屏幕上显示两行文字"Hello World!"和"Hello C!"。

```
/* 打印两行语句 */
#include <stdio.h>
main()
{
    printf("Hello World!\n");          //打印第一条语句
    printf("Hello C!\n");              //打印第二条语句
}
```

1.1.3 第一个C语言程序的说明

程序的功能是在屏幕上显示两行文字信息。

第1行"/* … */"为多行注释符号,其间的内容为注释,用来帮助读者了解程序的功能。从"/*"开始,到"*/"结束,注释不会被编译和运行。第5、6行的"//"称为行注释号,"//"的注释内容到行末自动结束。

第2行中的#include是C预处理程序的一条包含命令,stdio.h包含标准的输入/输出函数信息,放在源程序的前面。

第3行中的main()为主函数名。每一个程序必须有一个主函数,且只能有一个主函数。C语言程序总是从main()函数开始执行。

第4行与第7行的"{}"为主函数的界定符。"{}"必须成对出现;每个函数必须用

"{}"括起来。

第5、6行为打印输出语句。printf()函数的功能是把函数括号中""""内的内容输出到显示器显示。"\n"转义字符在此起回车换行的作用,每一条语句的结束必须加";"符号。

注意:如果用Devcpp新版编程环境,主函数main()之前不用加任何类型,默认返回值为整型;如果用Visual C++ 6.0编程环境,无返回值时需在main()之前加void。void表示空,即无返回值的意思。

1.1.4　C语言程序结构

C语言是一门函数化的语言,每个函数都完成一定的功能。用户既可以编写自己的函数(称为自定义函数),也可以根据需要调用库函数和自定义函数完成相应的任务。C语言程序必须按规定的格式书写。

C语言程序结构的语法格式如下,"[]"中的内容为可选部分。

```
[预处理命令]
[子函数类型说明]
[全程变量定义]
[返回值的类型] main()
{
    局部变量定义
    <程序体>
}
[返回值的类型 sub1()
{
    局部变量定义
    <程序体>
}]
    ...
[返回值的类型 subN()
{
    局部变量定义
    <程序体>
}]
```

总结起来,C语言程序的特点如下。

(1) 一个C语言源程序可以由一个或多个源文件组成。源程序中可以有预处理命令(最常用的include命令仅为其中的一种,它包含需要调用库函数的头文件),预处理命令通常放在源文件或源程序的最前面,以"#"开头。

(2) 一个源程序无论由多少个文件组成,都有且只有一个main()主函数。

(3) 每个源文件可由一个或多个函数组成。sub1(),…,subN()代表用户定义的子函数。

(4) 程序体指C语言提供的任何库函数调用语句、控制流程语句或其他子函数调用语句等。

(5) 每一行变量的声明、每一条语句都必须以分号结尾。但预处理命令、函数头和花括号"}"之后不能加分号。

(6) 标识符、关键字之间必须至少加一个空格以示间隔。若已有明显的间隔符,也可不再加空格来间隔。

【课堂思考】

(1) 模仿例 1.1,在屏幕上显示两行中文文字信息,分别是"你好!"和"让我们一起学习 C 语言程序!"。

(2) 举一反三,编写程序在屏幕上输出显示信息。

① 编写一个小程序,在屏幕上输出以下内容。

```
$$$$$$$$$$$$$$$$$$$$$$$$$$$$$$$$$$$$$$$$
$          This is a C program          $
$$$$$$$$$$$$$$$$$$$$$$$$$$$$$$$$$$$$$$$$
```

② 编写一个小程序,在屏幕上输出以下内容。

```
************************************
*        学生成绩管理系统        *
************************************
```

③ 编写一个程序,实现在屏幕上输出课程表的内容。

```
                        课  程  表
==================================================
      8:00—10:00   10:00—12:00   14:00—16:00
一   高等数学      大学英语      程序设计
二   思想政治      高等数学      程序设计上机
三   大学语文      程序设计      大学英语
四   高等数学      网页设计      网页设计上机
五   计算机基础    体育          计算机基础上机
==================================================
```

任务 1.2　熟悉编写 C 语言程序的环境

任务描述

熟悉 Visual C++ 6.0 或 Devcpp 的集成开发环境。

任务分析

在 Visual C++ 6.0 或 Devcpp 实际开发环境中完成指定操作。

VC++ 编程环境介绍　　Devcpp 编程环境介绍

1.2.1　Visual C++ 6.0 编程环境介绍

Visual C++ 6.0(简称 VC++ 6.0)集成开发环境是一个将程序编辑器、编译器、调试工具和其他建立应用程序的工具集成在一起并用于开发应用程序的软件系统。这里简单介绍 C 语言程序在该开发环境中如何编辑、编译、连接和运行。具体操作步骤如下。

（1）启动 VC++ 6.0，选择"文件"菜单中的"新建"命令，如图 1.1 所示。

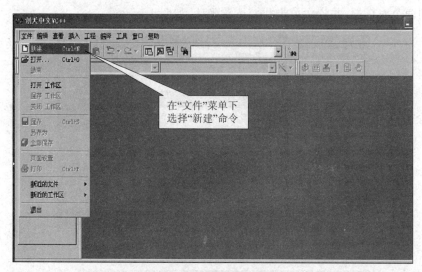

图 1.1　打开新建文件

（2）在弹出的"新建"对话框中选择"文件"选项卡，再选择 C++ Source File 选项；选择一个想存放文件的目录，如图 1.2 所示选择了 E:\TEMP 目录，若没有该目录，则新建一个；新建的源文件命名为 1_11。

注意：尽管 C 语言源文件扩展名为".c"，但因为本书的教学实验环境用的文件的默认扩展名为".cpp"，所以请尽量不要输入扩展名，以免出错。

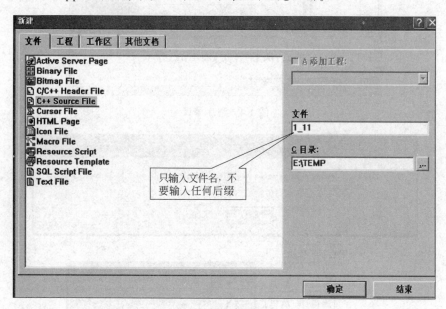

图 1.2　源文件的命名

（3）为命名为 1_11 的源文件输入程序的框架代码，如图 1.3 所示。注意不要在中文状态下输入代码，也不要使用全角标点。

（4）编译源文件代码，检查是否正确，如图 1.4 所示。编译命令的快捷键是 Ctrl+F7。

关闭两个对话框，并依次单击"是"按钮确认，如图 1.5 所示。

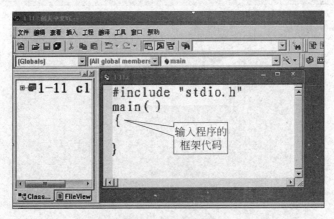

图 1.3　程序框架

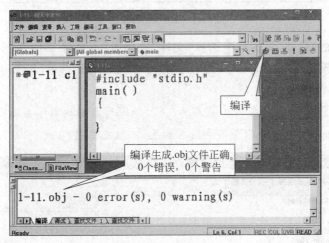

图 1.4　程序编译

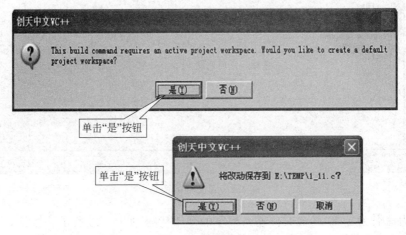

图 1.5　编译确认

编译源文件后生成.obj 文件,如果程序输入没有错误,就会在下面显示"0 error(s),0 warning(s)",表明程序有"0 个错误,0 个警告",表示输入的程序通过了编译检查,无错误。如果两项不为 0,则要修改错误的代码后再进行编译,直至编译显示正确为止。

(5) 在源文件的程序框架中补充代码。如果对操作步骤比较熟悉,则可不要第(4)步,直接由第(3)步跳到第(5)步输入代码,如图 1.6 所示。

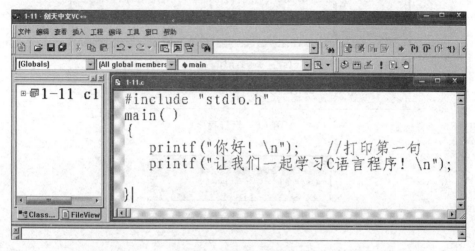

图 1.6　程序代码的输入

(6) 编译、连接程序代码,生成 EXE 文件,编译正确时的显示如图 1.7 所示。

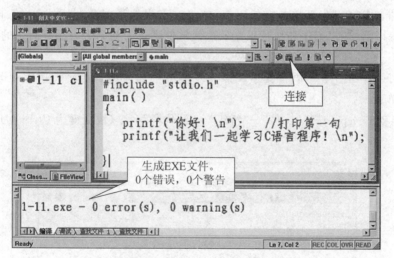

图 1.7　连接生成 EXE 文件

(7) 运行程序。编译、连接程序的操作通过后,运行生成的 EXE 文件,如图 1.8 所示,程序运行结果如图 1.9 所示。

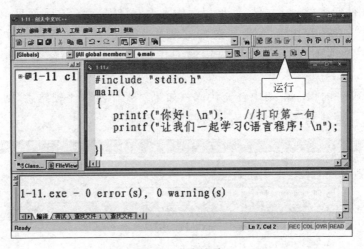

图 1.8　运行程序

图 1.9　程序运行结果

1.2.2　Devcpp 编程环境介绍

Devcpp(标准名是 Dev-C++)是一个 C 和 C++ 的开发工具,它是一款自由软件,遵循 C/C++ 标准。它的开发环境包括代码编辑窗口、工程编译器及调试器等,在工程编译器中集合了编译器、连接程序和执行程序。这款软件满足了初学者与编程高手的不同需求,是学习 C/C++ 的理想开发工具。

这里简单介绍一下 C 语言程序在该开发环境中如何编辑、编译、连接和运行。具体操作步骤如下。

(1) 启动 Devcpp,选择"文件"→"新建"→"源代码"命令(快捷键为 Ctrl+N),如图 1.10 所示。

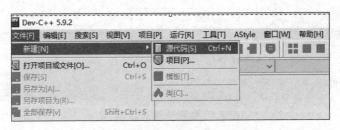

图 1.10　新建文件

新建文件后,出现的是未命名的文件,如图 1.11 所示。

(2) 给新建的文件取一个文件名。选择"文件"→"另存为"命令,如图 1.12 所示。把新建的文件存入指定的文件夹,并给新文件取一个具体的名字。

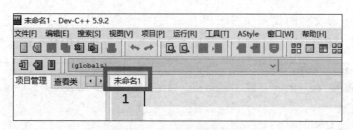

图 1.11　未命名的文件

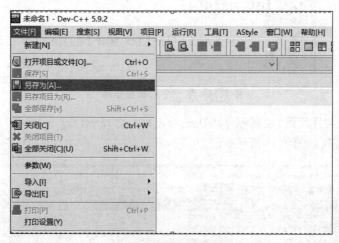

图 1.12　保存新文件

　　此处给第一个文件取名为 1_1。由于 Devcpp 文件的默认扩展名为".cpp"，所以在给文件取名的时候，尽量不要输入或修改扩展名，保持默认的扩展名".cpp"，以免出错，如图 1.13 所示。

图 1.13　在指定目录下给新文件取一个名字

（3）1-1.cpp 源文件的代码如图 1.14 所示,这个程序的功能是在屏幕上显示一行文字
"Hello World! Hello C!"。注意不要在中文状态下,也不要使用全角标点符号。

图 1.14　第一个 C 语言程序

（4）编译源文件代码,检查程序语法是否正确。选择"运行"→"编译"命令（快捷键是
F9)可编译源程序,如图 1.15 所示。

图 1.15　编译源程序

如果没有语法错误,源程序顺利通过编译后,显示如图 1.16 所示。

（5）运行程序。生成可执行文件（.exe）后可直接运行程序。选择"运行"菜单下的
"运行"命令（快捷键是 F10)可运行程序,如图 1.17 所示。

程序运行结果如图 1.18 所示。

❀注意：本书所用的 Devcpp 5.9.2 这个版本可以把第（4）步的编译操作和第（5）步的
运行程序操作整合在一起,选择"编译运行"命令即可（该命令的快捷键是 F11),如图 1.19
所示,同样能得到所要的结果。

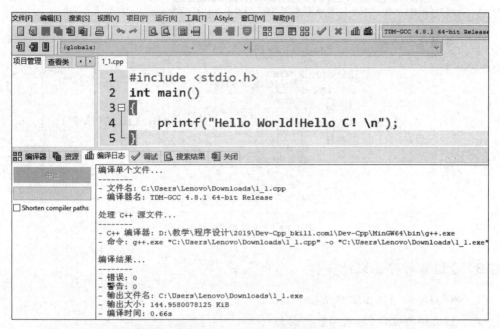

图 1.16 编译 1_1.cpp 后得到可执行文件 1_1.exe

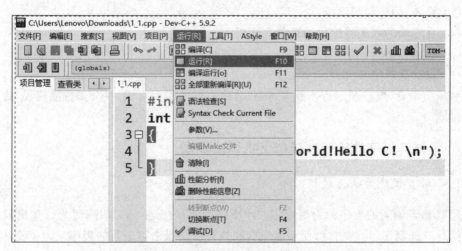

图 1.17 运行程序

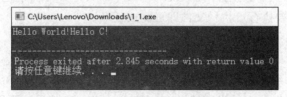

图 1.18 程序运行结果

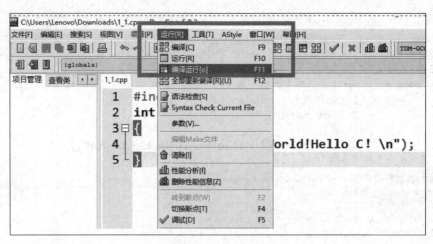

图 1.19 "编译运行"命令

1.2.3 C语言程序的设计步骤

C语言程序的设计步骤总结如下。

(1) 启动编程软件,进入编程界面。

(2) 建立 C语言程序文件,正确命名。

(3) 输入、编译源程序。

(4) 在正确的框架程序中加载程序代码。

(5) 编译并运行程序。

(6) 保存源程序文件。

对于初学者,应按照编程步骤多练习,养成良好的编程习惯,并分步排除错误,提高程序调试能力。

1.2.4 C语言程序的执行过程与上机调试步骤

1. C语言程序的执行过程

用 C语言编写的程序称为源程序。计算机不能直接运行源程序,因为计算机只能识别和执行二进制(0、1)的指令,而不能识别和执行由高级语言编写的程序。为了使计算机能执行用高级语言编写的程序,必须先用一种"编译程序"软件把源程序翻译成二进制形式的"目标程序";再将该目标程序与系统的函数库和其他目标程序连接起来,生成可执行的文件;最后只要单独执行可执行文件即可完成任务。

2. C语言程序的上机调试步骤

(1) 编辑程序。编辑源程序,生成 C语言源程序,以扩展名为.cpp 的文件存盘。

(2) 编译程序。对源文件进行编译,生成扩展名为.obj 的目标程序。

(3) 连接程序。对编译通过的目标程序加入库函数和其他目标文件进行连接,生成可执行文件,其文件扩展名为.exe。

（4）执行程序。运行可执行程序,结果正确表示程序通过编译,顺利完成设计任务。

（5）如果编译或连接有错,必须修改源文件,并重新编译和连接。如果不能获得正确的结果,说明程序设计有逻辑错误,需要返回修改源程序并重新编译、连接和执行,直到正确为止。

C语言程序上机步骤如图1.20所示。

图1.20　C语言程序上机步骤

任务 1.3　猜牌游戏的体验——C语言的综合运用一

任务描述

给你9张牌,在心中记住某张牌,然后通过计算机分组让你猜自己记住的牌在第几组,最后计算机一定会猜出你记住的那张牌。你相信吗?赶快试一试吧!

任务分析

为了创建出你的第一个C程序,应首先了解C语言的程序结构和printf()等语句的用法以及熟悉相应开发工具的使用。

打开猜牌游戏,体验程序的执行结果,如图1.21所示。

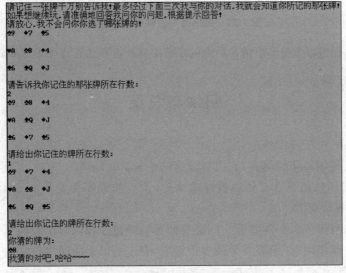

图1.21　猜牌游戏执行结果示意图

任务 1.4   打字游戏的体验——C 语言的综合运用二

任务描述

设计一个打字游戏,使屏幕上显示键盘的字母像流星一样落下,只需要敲出下落的字母就会得分。读者可以选择游戏的级别,游戏的级别不同,字母下落的速度会不一样。

任务分析

程序需要多个自定义函数分别实现各模块的功能。

打字游戏的开始界面如图 1.22 所示,选择游戏级别和运行界面如图 1.23 和图 1.24 所示。

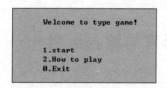

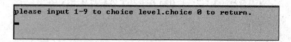

图 1.22   打字游戏的开始界面   图 1.23   选择游戏级别的界面

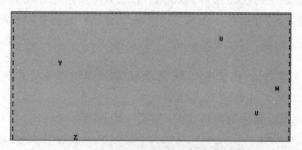

图 1.24   级别为 1 的键盘练习界面

C 语言程序还可以做很多事情。后面的章节中将开始 C 语言程序设计基础的学习之旅。

归纳与总结

知识点

(1) C 语言是函数化的语言,它有且只有一个 main()函数。

(2) main()函数相当于 C 语言程序的大门,所有的程序都是从 main()函数开始,并回到 main()函数结束。

(3) C 语言程序开头必须要有一些必要的预编译命令和成对出现的"{}"。

(4) C 语言程序中,必须有 0 个或多个输入,有 1 个以上的输出值。

能力点

会使用 VC++ 6.0 或 Devcpp 编程环境编写简单的程序。

拓 展 阅 读

　　"工欲善其事,必先利其器"的典故最早来源于《论语·卫灵公》,体现在孔子与他的弟子子贡之间的对话中。子贡向孔子询问如何推行仁政,孔子回答:"工欲善其事,必先利其器。居是邦也,事其大夫之贤者,友其士之仁者。"

　　孔子在这里用工匠磨利工具来比喻人们要做好工作,必须先做好准备,打好基础。同时,他也强调了选择环境和工作伙伴的重要性,要选择有贤能的大夫为师,结交有仁德的士人为友,这样才能更好地提升自己,实现自己的目标。

习 题 1

一、填空题

　　1. C语言程序都是从名为_____的函数开始执行的。

　　2. 一个C语言函数由_____和_____两部分组成。

　　3. C语言源程序的语句分隔符是_____。

　　4. 源程序经过编译后产生的结果称为_____,其扩展名为_____。

　　5. 一个源程序不论由多少个文件组成,都有且只有一个_____。

二、选择题

　　1. 在 Visual C++ 6.0 环境中,源程序文件默认的扩展名是(　　)。

　　　　A. .cpp　　　　　　B. .obj　　　　　　C. .exe　　　　　　D. .bas

　　2. 在下列各组字符序列中,可作为C语言程序标识符的一组字符序列是(　　)。

　　　　A. K.B,sum,average,_above　　　　B. class,day,lotus_1,2day

　　　　C. #ind,&12x,month,student_n1　　D. D56,r_1_2,name,_st_1

　　3. 下列四组选项中,均是不合法的用户标识符的选项是(　　)。

　　　　A. W　P_0　do　　　　　　　　B. float　la0　_A

　　　　C. b-a　3f0　int　　　　　　　　D. -123　abc　TEMP

　　4. 以下叙述不正确的是(　　)。

　　　　A. 一个C源程序必须包含一个 main()函数

　　　　B. 一个C源程序可由一个或多个函数组成

　　　　C. C语言程序的基本组成单位是函数

　　　　D. 在C语言程序中,注释说明只能位于一条语句的后面

　　5. 下列说法中错误的是(　　)。

　　　　A. 程序可以从任何非主函数开始执行

　　　　B. 主函数可以分为两部分:主函数说明部分和主函数体

　　　　C. 主函数可以调用任何非主函数的其他函数

    D. 任何非主函数可以调用其他任何非主函数

6. C语言可执行程序的开始执行点是(　　)。

    A. 程序中的一条可执行语句　　　　　　B. 程序中第一个函数

    C. 程序中的 main()函数　　　　　　　　D. 包含文件中的第一个函数

7. 以下叙述中正确的是(　　)。

    A. 在 C 语言程序中,main()函数必须位于程序的最前面

    B. C 语言程序的每行只能写一条语句

    C. C 语言源程序不能直接执行,需要编译连接后才能执行

    D. 在对一个 C 语言程序进行编译的过程中,可发现注释中的拼写错误

8. 以下叙述中正确的是(　　)。

    A. 在 C 语言程序中,"{"与"}"可以不成对出现

    B. 在 C 语言程序中,Aph 和 aph 代表不同的标识符

    C. 在 C 语言程序中,注释部分可以用两个"/ *"括起来

    D. 在 C 语言程序中,符号常量和变量的使用方法相同

模块 2

顺序结构程序设计及输入/输出语句

在模块 1 中介绍了 C 语言程序的基本结构和书写格式,编写了简单的程序,对 C 语言程序有了初步的认识。本模块将介绍 C 语言提供的基本数据类型和数据运算规则、常用表达式和输入/输出语句,并介绍相应的程序和算法,以及顺序结构程序设计的一般方法,这些知识是学习程序设计的基础。同时,在每个学习任务中,将通过简单有趣的实例帮助读者加深对这些知识的理解。

工作任务

- 计算三角形的周长和面积——数值计算。
- 密码的破解——字符运算。
- 求解一元二次方程——数学函数和复杂公式。
- 猜牌游戏的界面——输入/输出语句。
- 编程语句的规范化。

技能目标

- 掌握变量和常量的概念。
- 理解各种类型的数据在内存中的存放形式。
- 掌握各种整型、字符型、浮点型变量的定义和使用。
- 掌握程序与算法的概念及描述方法。
- 会用输入/输出函数 scanf() 和 printf(),并按照需要的格式输入和输出。
- 掌握数据类型转换规则以及强制转换的方法。
- 掌握赋值运算符、算术运算符、比较运算符等的使用方法。
- 理解运算符的优先级和结合性概念。
- 掌握顺序程序设计的一般方法。

顺序结构

任务 2.1　计算三角形的周长和面积——数值计算

任务描述

从键盘输入三角形三条边 a、b、c 的值,根据下面的公式,计算三角形的周长 l 和面积 s。

$$l = a + b + c$$

$$s = \sqrt{p(p-a)(p-b)(p-c)}, \quad p = \frac{a+b+c}{2}$$

❖ 任务分析

1. 程序设计思路

本任务为从键盘输入三角形三条边 a、b、c 的值，分别按公式计算出周长 l 和面积 s，然后打印输出。完成这个任务，要思考如下几个问题。

(1) 数据如何存放？(如何定义存储数据的变量？)

(2) 数据如何输入？

(3) 如何按公式计算？

(4) 如何输出结果？

2. 变量的定义

定义变量的目的是要计算机在内存中为程序需要的数据开辟存储空间。定义变量必须明确以下三点。

(1) 变量名。变量名表明数据在内存中存放的地址，是存储单元的标识符，是变量存取的依据。本任务程序要用三个变量 a、b、c 来存储输入的三条边长，计算的结果要用周长 l 和面积 s 变量存储，还要有一个暂时存放中间结果的变量 p。

(2) 变量的类型。变量是用来存储数据的，不同类型的数据在计算机内所占的存储单元数和范围大小都是不同的。本任务输入三角形三条边的值可以是实数，如果定义变量为整型(int)，就意味着不能输入小数，故定义 a、b、c、l、p 变量为 float 类型。变量 s 定义为双精度实型 double，用来存储计算的面积。

(3) 变量的值。变量定义后，初始值是不确定的，一般可通过赋值语句或输入语句为其赋初值。

3. 数据计算

本任务实际上是根据相应的数学公式求解值的问题。数学公式在 C 语言编译器中要求按 C 语言格式书写，以便计算机正确编译。本任务中周长计算可由 l＝a＋b＋c 赋值语句完成，求面积则利用 s＝sqrt(p＊(p－a)＊(p－b)＊(p－c))赋值语句完成。

2.1.1 数据的分类

计算机中的数据可以分为数值和文本，其区别是数值描述事物的大小，可以用于加、减、乘、除等运算，而文本不做数学运算。比如电话号码 119 就是文本，原因是各个数字相加没有任何意义；而如果 119 表示一个金额大小，那就是数值。

字符串是最常见的文本数据，表示一连串的字符。键盘中的键值就是常见的字符。在程序中，用双引号(" ")括住的一串字符就是字符串。例如，字符 H、e、l、l、o 组成了字符串"Hello"。有时字符是由数字组成的，比如 QQ 号码，这时一定要记住用双引号(" ")括起来，如"163820292"，否则程序认为这是个数值。

2.1.2 常量和变量

计算时需要用到常量和变量。例如，已知圆的半径为 4cm，求圆的面积。根据前面的

知识,可以写出这样的代码:

```
printf("圆的面积为: %f 平方厘米", 3.14 * 4 * 4);
```

如果圆的半径发生了变化,代码就要重写。直接改这些数据太麻烦,而且很容易出错。解决的方法是把容易发生变化的数据,如圆的半径,放在一个存储单元内,每次变化时,修改该存储单元即可,该存储单元就是一个变量。把不会变化的数据,如圆周率,用一个固定符号表示,如 PI,这样既便于记忆又便于使用,这样的数据称为常量。

来看看下面的代码。

【例 2.1】 求圆的面积。

```
# include <stdio.h>           //添加输入/输出的头文件
# define PI 3.14              //定义一个常量
main()
{
    float r=4;                //定义一个变量 r,表示半径
    float area =0;            //定义变量 area,表示面积
    area=PI * r * r;          //圆的面积公式
    printf("圆的面积为:%f 平方厘米", area);
}
```

虽然上面的代码比第一次的输出语句多了很多行,但是采用这种方式可以很明确地将变量和常量分隔开来。常量一旦定义好后,它的值是不能通过赋值改变的;而表示半径的变量可以在运行时更改。这样的程序可读性和可维护性更强。

下面分别介绍常量和符号常量的使用方法。

1. 普通常量

对于基本数据类型,按其取值是否可改变分为常量和变量两种。在程序执行过程中,其值不发生改变的量称为常量,其值可变的量称为变量。

在 C 语言中,常量又分为普通常量和符号常量,在程序中,常量的类型是由常量本身隐含决定的。如"v = 4.0/3.0 * PI * r * r * r;"语句中 4.0、3.0 是普通常量,PI 是符号常量。

普通常量包括整型常量、实型常量、字符型常量、字符串常量。

(1) 整型常量。整型常量就是整常数。在 C 语言中,整常数有十进制、八进制和十六进制三种。

① 十进制整常数:其数字的取值范围为 0~9,如 237、−568。

② 八进制整常数:必须以 0 开头,其数字的取值范围为 0~7。八进制数通常是无符号数,如 015(换算成十进制为 13)。

③ 十六进制整常数:必须以 0X 或 0x 开头,其数字的取值范围为 0~9、A~F 或 a~f。

归纳起来,整型常量的举例如下:

```
237          //int 类型直接常量
32L          //long 类型直接常量
015          //八进制的 15,换算成十进制为 13
0xA0         //十六进制的 A0,换算成十进制为 160
```

(2) 实型常量。实型常量又称为实数或者浮点数。在 C 语言中,实数只采用十进制。实数包括十进制数和指数两种形式。

① 十进制数形式：由数字 0~9 和小数点组成。在整数位只有一位为 0 的时候,0 可以省略,但小数点不能省略。其一般形式为 0.0、.25、5.789、−267.8230。

② 指数形式：由十进制数加阶码标志"e"或"E"以及阶码(只能为整数,可以带符号)组成。其一般形式为 2.1E5(等于 2.1×10^5)、3.7E−2(等于 3.7×10^{-2})。

归纳起来,实型常量的举例如下：

```
5.76        //十进制数形式实型常量
.25         //十进制数形式实型常量,相当于 0.25
2.1E5       //指数形式实型常量,相当于 2.1×10⁵
3.7e-2      //指数形式实型常量,相当于 3.7×10⁻²
```

(3) 字符型常量。其为用单引号括起的单个字符,如'A'、'1'等。

(4) 字符串常量。其为用双引号括起来的零个或多个字符序列,如"Hello,World.","我的第一个 C 程序"。

2. 符号常量

符号常量是用标识符代表一个常量。在 C 语言中,可以用一个标识符来表示一个常量,称为符号常量。如用 PI 代表 π(3.14),PI 是一个符号常量。

符号常量在使用之前必须先定义,其一般形式如下：

```
#define 标识符 常量
```

其中,♯define 是一条预处理命令(预处理命令都以"♯"开头),称为宏定义命令(在后面有关预处理程序的内容中将进一步介绍),其功能是把该标识符定义为其后的常量值。一经定义,以后在程序中所有出现该标识符的地方均代之以该常量值。

符号常量与变量不同,符号常量常采用大写字母表示,它的值在其作用域内不能改变,也不能再被赋值。使用符号常量的好处是：含义清楚,能做到"一改全改"。

❋**注意**：符号常量后面的值将完全代替符号常量,习惯上符号常量的标识符为大写字母,变量标识符为小写字母,以示区别。

3. 变量

在程序执行过程中,其值可以改变的量称为变量。变量使用时要关注三个要素：类型、名字和当前值。变量是一个已命名的存储单元,通常用来记录中间结果或保存数据。在 C 语言中,每个变量都具有一个类型,它确定哪些值可以存储在该变量中,变量的值可以通过赋值和运算等操作而改变。

使用变量有一条十分重要的原则：先定义,后使用。在一个程序中只能对一个变量定义一次。

(1) 变量的声明

变量的声明的语法格式如下：

```
数据类型　变量名称;
```

例如：

```
int age;                //年龄一般用整型表示
char name[10];          //姓名一般由多个字符组合而成
```

也可以同时声明一个或多个给定类型的变量。

```
int a,b,c;
```

为变量起名的时候要遵循 C 语言的下列规定。

① 变量名必须由字母(A～Z 或 a～z)、数字(0～9)和下划线(_)组成的字符串。不得包含货币符号或其他非 ASCII 字符,长度虽然没有太多限制,但首字符必须为字母、下划线,其后的字符可以是字母、数字和下划线。

② 变量名不能使用 C 语言规定的关键字(见表 2.1)和库函数名称。

③ 变量名严格区分字母大小写。

合法变量名与不合法变量名的举例如下：

```
int i;                  //合法
int no.1;               //不合法,含有不允许的字符
char struct;            //不合法,含有关键字
short main;             //不合法,与 main() 函数同名
_debug;                 //合法
```

关键字(key words)又称为保留字,是 C 编译器本身使用的特定符号串,每个关键字都有它的意义,程序设计者只能根据该意义加以使用,不能重新定义,因此变量名不能使用关键字,以免发生错误。C 语言 32 个关键字中英文对照如表 2.1 所示。

表 2.1　C 语言 32 个关键字中英文对照表

关键字	说　明	关键字	说　明	关键字	说　明	关键字	说　明
int	整型	sizeof	计算字节数	do	执行	const	常量
float	浮点型	if	如果	for	对于	auto	自动型
double	双精度型	else	否则	break	终止	register	寄存器型
char	字符型	switch	开关	continue	继续	static	静态型
long	长整型	case	情况	void	空值型	extern	外部型
short	短整型	default	默认	return	返回	struct	结构式
signed	有符号的	goto	跳转	volatile	易失的	union	共享式
unsigned	无符号的	while	当	typedef	类型定义	enum	枚举式

❀注意：

① 在给变量取名时尽量使用有意义的名称。

② 变量是区分大小写的,即大小写含义不同,如变量 X 和 x 是不同的,rose、Rose 和 ROSE 是 3 个不同的变量。

(2) 变量的初始化和赋值

变量可以在声明的同时赋值,这称为变量的初始化。也可以在声明之后通过赋值语

句改变它的值。

其语法格式如下：

数据类型 变量名称= 值;

例如：

```
int age=19;
char sex='F';
int a=1,b=9;
```

初始化变量时,"＝"两边的数据类型必须匹配,否则会出现编译错误。

```
int age ="19";          //字符串不能赋值给整型变量
float money=23.00       //编译器提示有警告
```

所有带小数点的数字默认都是 double 类型的浮点数,此处需在 23.00 后添加后缀 f,转换成 float 类型,即 float money＝23.00f。

【例 2.2】 变量赋值和使用的要点。

```
main()
{
    int x=5;        //声明 x 为整型变量,初始化为 5
    int a, b;       //声明 a、b 为整型变量
    a=x;            //将 x 单元的值赋值给 a 单元,a 的值为 5
    x=x+1;          //将 x 单元原来的值加 1 后重新赋值给 x 单元,x 的值为 6
    b=x+a;          //将 x 和 a 单元的值相加后赋值给 b 单元。b 的值为 11,但 x 和 a 单元的
                    //  值不变
    x+=1;           //将 x 单元原来的值加 1 后重新赋值给 x 单元,x 的值为 7
    printf("x=%d,a=%d,b=%d\n", x,a, b);
}
```

对于 int x＝5,可从内存的角度来理解这句。

变量类型限定了变量中所存储的数据类型,包括占用内存空间的大小和数据的存储方式两个方面。

变量值是指变量所占用内存空间中所存储的数据。变量名和变量值是两个不同的概念,变量名实际上是一个符号地址,从变量中取值,实际上是通过变量名找到相应的内存地址,再从其存储单元读取数据。如图 2.1 所示,地址值相当于宾馆会议室的房号,变量名相当于会议室的简称,变量值相当于参加会议的人。

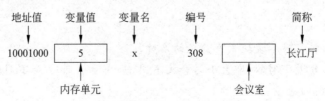

图 2.1　变量与内存单元的关系

2.1.3　数据类型

所谓一个数据的"数据类型",是指该数据自身的一种属性,数据要在内存中占用多少字节,能进行什么操作,都由数据类型决定。程序中涉及的各种常量和变量都必须存放在内存里。在 C 语言中,数据类型可分为基本类型、构造类型、指针类型、空类型四大类,如图 2.2 所示。

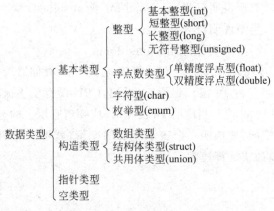

图 2.2　数据类型

🌸**注意**：数据类型所占的字节数与编译环境有关,如 int 整数,目前在 Turbo C 2.0 中是 2B,而在 VC++ 6.0 中是 4B。

可以用程序测试数据类型占用的字节数,sizeof(类型)求出的结果为表达式值所属类型或者类型占用的字节数。程序在 VC++ 6.0 下运行的结果类型如图 2.3 所示。

```
#include <stdio.h>
main()
{
    printf("Data type        Number of bytes\n");
    printf("-----------------  ----------------\n");
    printf("char %d\n", sizeof(char));
    printf("int %d\n", sizeof(int));
    printf("short int %d\n", sizeof(short));
    printf("long int %d\n", sizeof(long));
    printf("float %d\n", sizeof(float));
    printf("double %d\n", sizeof(double));
}
```

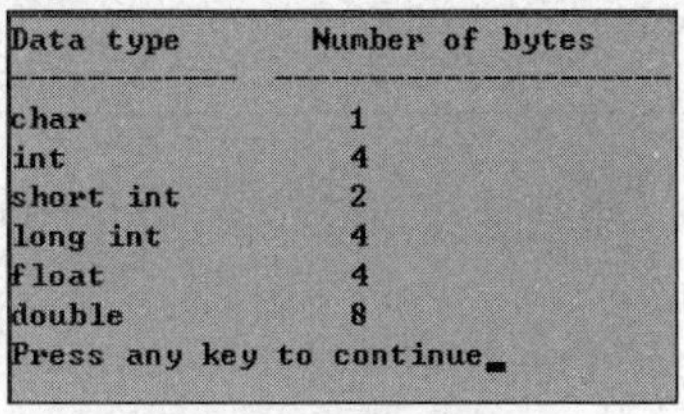

基本数据类型包括整型、浮点数类型(实型)、字符型和枚举型四种。在本小节中将详细介绍前三种基本数据类型。

```
Data type        Number of bytes
-----------------  ----------------
char               1
int                4
short int          2
long int           4
float              4
double             8
Press any key to continue_
```

图 2.3　数据类型测试

1. 整型

整型变量的值为整数。C 语言的整数类型可分为以下几类。

(1) 基本整型：类型说明符为 int，在内存中占 4B，其取值为基本整常数。

(2) 短整型：类型说明符为 short int，在内存中所占字节为 2B，所以它的取值范围是 $-32768 \sim 32767$。

(3) 长整型：类型说明符为 long int 或 long，在内存中占 4B，其取值为长整型常数。

(4) 无符号整型：类型说明符为 unsigned。

无符号整型又可与上述三种类型匹配为以下几种类型。

① 无符号基本型，类型说明符为 unsigned int 或 unsigned。

② 无符号短整型，类型说明符为 unsigned short。

③ 无符号长整型，类型说明符为 unsigned long。

在 20 世纪八九十年代，计算机的内存价格较高，CPU 的存储器较小，主流配置为 16 位，当时，C 语言的 int 类型只占 16 位。到了 21 世纪，CPU 缓存的主流配置为 32 位，所以 C 语言的 int 类型大多数是 32 位。当声明 int 变量时，应知道它所占的空间为 4B(1B=8bit)。如果不需要这么大的空间，如声明一个表示年龄的变量，就可以声明为 short int，既可以节省内存空间，又可以加快运算速度。

2. 浮点数类型

C 语言中浮点数类型(也称实型)包括单精度浮点型(float)、双精度浮点型(double)。它们的差别主要在于取值范围和精度不同。具体各整数类型和浮点数及其取值范围如表 2.2 所示。

表 2.2　C 语言整型和浮点型所占字节数及数的范围(VC++ 6.0 环境下)

类　　　型	类型说明符	字节	数　值　范　围
字符型	char	1	C 字符集
基本整型	int	4	$-214783648 \sim 214783647$
短整型	short int	2	$-32768 \sim 32767$
长整型	long int	4	$-214783648 \sim 214783647$
无符号整型	unsigned	4	$0 \sim 4294967295$
无符号长整型	unsigned long	4	$0 \sim 4294967295$
单精度实型	float	4	$3/4E-38 \sim 3/4E+38$
双精度实型	double	8	$1/7E-308 \sim 1/7E+308$

小数数字默认为 double 类型。如果要指定 float 类型，可以在小数数字后加 F 或 f。

3. 字符型

字符让人联想到英文字母，多个字符组成了一串文字数据。例如：

```
"Hello,Welcome to C world!"
```

这是由'H'、'e'、'l'等字符组成的字符串数据。此外，字符还是一种特殊的整型数据。字符与整数的区别如下。

（1）字符数据占 1B，而 int 类型占 4B。

（2）字符对应唯一的 ASCII 码（ASCII 码表见附录 C）。

下面简单介绍 ASCII 码表——美国标准信息交换标准码（American Standard Code for Information Interchange，ASCII）。

在计算机中，所有的数据在存储和运算时都要使用二进制数表示（因为在计算机中，只有 0 和 1 两位数的二进制比较适合于它使用）。同样地，像 a、b、c、d 这样的 52 个字母（包括大写）以及 0、1、2 等数字，还有一些常用的符号（例如 *、#、@ 等），在计算机中存储时也要使用二进制数来表示，具体用哪个数字表示哪个符号，当然每个人都可以约定自己的一套方法（这就叫编码）。如果人们想互相通信而不造成混乱，就必须使用相同的编码规则，于是美国的标准化组织就出台了所谓的 ASCII 编码，统一规定了上述常用符号用哪个二进制数来表示。

对字符类型的变量赋值时，使用单引号（''）将字符括起来。可以按照下面的方式给字符变量赋值：

```
char ch='H';            //H
char cx='X';            //X
```

另外，还可以直接通过十六进制转义符（以 \x 开始）给字符变量赋值，例如：

```
char ch1='\x48';        //H，十六进制 0x48 转换为十进制为 72
char cx1='\x58';        //X
```

字符 'H' 对应的 ASCII 码为 72，所以可直接将 ASCII 码给字符变量赋值。

【课堂思考】

如何打印出如图 2.4 所示图案？（提示：字符 ♥ 的 ASCII 码为 3）

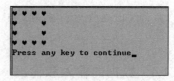

图 2.4　♥排列图案

在 C 语言中，存在一种称为转义字符的字符，用于在程序中指代特殊的控制字符，如表 2.3 所示。

表 2.3　常用的转义字符及其含义

转义字符	转义字符的意义	ASCII 代码
\n	回车换行	10
\t	横向跳到下一制表位置	9
\b	退格	8
\r	回车	13
\f	走纸换页	12
\\	反斜线符"\"	92
\'	单引号符	39
\"	双引号符	34
\a	鸣铃	7

续表

转义字符	转义字符的意义	ASCII 代码
\ddd	1～3 位八进制数所代表的字符	
\xhh	1～2 位十六进制数所代表的字符	

广义地讲,C 语言字符集中的任何一个字符均可用转义字符来表示。表中的"\ddd"和"\xhh"正是为此而提出的。ddd 和 hh 分别为八进制和十六进制的 ASCII 代码。如'\101'表示字母'A' ,'\134'表示反斜线,'\x0A'表示换行符。

有一些字符是特殊字符,显示时需要使用转义字符。下面的代码在编译时会出现错误。

```
#include <stdio.h>
main()
{
    printf("D:\我的文档\");          //无法显示预料的值"D:\我的文档\"
}
```

因为字符'\'是特殊字符。要显示它必须用到转义字符'\'进行转义。

```
#include <stdio.h>
main()
{
    printf( "D:\\我的文档\\");          //显示预料的值"D:\我的文档\"
}
```

2.1.4　数据的输入和输出

所谓输入/输出,是以计算机作为主体而言的。在 C 语言中,所有的数据输入/输出都是由库函数完成的,分别是 scanf()函数和 printf()函数。使用标准输入/输出库函数时要用到 stdio.h 文件,因此源文件开头应有以下预编译命令：#include <stdio.h>。

1. printf()函数(格式输出函数)

printf()函数称为格式输出函数,其功能是按用户指定的格式,把指定的数据显示到屏幕上。printf()函数调用的一般形式如下：

printf("格式控制字符串",输出表列)

其中,格式控制字符串用于指定输出格式。格式控制串可由格式字符串和非格式字符串两种形式组成,printf()的使用如图 2.5 所示。

格式字符串是以％开头的字符串,在％后面可跟各种格式字符,以说明输出数据的类型、形式、长度、小数位数等,例如,"％d"(十进制整型)和"％ld"(十进制长整型)。

非格式字符串在输出时原样输出,在显示中起提示作用。

输出表列中给出了各个输出项,要求格式字符串和各输出项在数量与类型上应该一

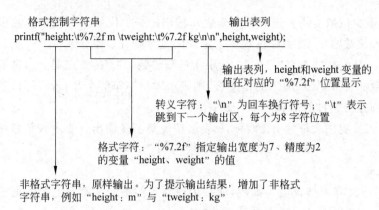

图 2.5 printf( )格式控制串的使用

一对应。C 语言中格式字符串的一般形式如下：

[标志][输出最小宽度][.精度][长度]类型

其中,方括号[]中的项为可选项。

(1) 类型。类型字符用以表示输出数据的类型,其格式字符和意义如表 2.4 所示。

表 2.4 格式字符串列表

格式字符	意 义
d	以十进制形式输出带符号整数(正数不输出符号)
o	以八进制形式输出无符号整数(不输出前缀 o)
x、X	以十六进制形式输出无符号整数(不输出前缀 Ox)
u	以十进制形式输出无符号整数
f	以小数形式输出单、双精度实数
e、E	以指数形式输出单、双精度实数
g、G	以%f 或%e 中较短的输出宽度输出单、双精度实数
c	输出单个字符
s	输出字符串

(2) 标志。标志字符为一、＋、空格、♯四种,其意义如表 2.5 所示。

表 2.5 标志字符的意义

标志	意 义
一	结果左对齐,右边填空格
＋	输出符号(正号或负号)
空格	输出值为正时冠以空格,为负时冠以负号
♯	对 c、s、d、u 类无影响;对 o 类,在输出时加前缀 o;对 x 类,在输出时加前缀 0x;对 e、g、f 类,当结果有小数时才给出小数点

（3）输出最少位数。用十进制整数来表示输出的最少位数。若实际位数多于定义的宽度，则按实际位数输出，若实际位数少于定义的宽度则补以空格或0。

（4）精度。精度格式符以"."开头，后跟十进制整数。"."的意义是：如果输出的是数字，则表示小数的位数；如果输出的是字符，则表示输出字符的个数；若实际位数大于所定义的精度数，则截去超过的部分。

（5）长度。长度格式符为h、l两种，h表示按短整型量输出，l表示按长整型量输出。

2. scanf()函数

scanf()函数又称为格式输入函数，即按用户指定的格式从键盘上把数据输入指定的变量中。scanf()函数的一般形式如下：

scanf("格式控制字符串",地址表列);

其中，"地址表列"是由若干个地址组成的列表，可以是变量的地址或字符串的首地址。在输入字符串数据时，使用字符串的首地址，不需要取地址运算符"&"，例如：

```
scanf("%ld", &student_id);
scanf("%s", name);
```

"格式控制字符串"的作用与printf()函数相同，但不能显示非格式字符串，也就是不能显示提示字符串。在scanf()语句的格式控制字符串中由于没有非格式字符在"%d%d%d"中作为输入时的间隔，因此，在输入时要用一个以上的空格或回车作为每两个输入数之间的间隔。例如：

```
7 8 9↙
```

或者

```
7↙
8↙
9↙
```

使用scanf()函数还必须注意以下几点。

（1）如果格式控制字符串中有非格式字符则输入时也要输入该非格式字符，例如：

```
scanf("%d,%d,%d", &a, &b, &c);
```

其中，用非格式字符","作为间隔符，故输入时应如下：

```
5,6,7↙
```

（2）在输入多个数值数据时，若格式控制字符串中没有非格式字符作为输入数据之间的间隔，则可用空格、Tab或回车作为间隔符。C编译器在碰到空格、Tab、回车或非法数据（如对"%d"输入"12A"时，A即为非法数据）时即认为该数据结束。

（3）在输入字符数据时，若格式控制字符串中无非格式字符，则认为所有输入的字符均为有效字符，例如：

```
scanf("%c%c%c",&a,&b,&c);
```

如输入为

```
d e f↙
```

则把'd'赋给 a，空格' 赋给 b，'e'赋给 c。只有当输入为 def↙时，才能把'd'赋给 a，'e'赋给 b，'f'赋给 c。

（4）如果输入的数据与输出的类型不一致，虽然编译能够通过，但结果将不正确，例如：

```
#include <stdio.h>
main()
{
    int a;
    printf("input a number\n");
    scanf("%d",&a);
    printf("%f",a);                    //格式控制字符串不正确
}
```

3. 字符数据的输入/输出

（1）putchar()函数是字符输出函数，其功能是在显示器上输出单个字符。

（2）getchar()函数是键盘输入函数，其功能是从键盘上输入一个字符。

【例 2.3】 从键盘输入两个字符，并在显示器上输出这两个字符。

```
#include <stdio.h>
main()
{
    charch1,ch2;
    printf("请输入两个字符:\n");
    ch1=getchar();                    //输入第一个字符
    fflush(stdin);                    //清空输入缓冲区,确保不影响后面数据的读取
    ch2=getchar();                    //输入第二个字符
    fflush(stdin);
    putchar(ch1);                     //输出第一个字符
    putchar(ch2);                     //输出第二个字符
    putchar('\n');                    //输出换行字符,相当于换行命令
}
```

知道了如何输入和输出，把例 2.1 做一个小小的修改。从键盘输入圆的半径，求出圆的面积并输出到显示器上。

【例 2.4】 输入半径，求圆的面积。

```
#include <stdio.h>
#define PI 3.14          //定义一个圆周率常量
```

```
main()
{
    float r,area;              //定义变量,r表示半径,area表示圆面积
    printf("请输入半径:");
    scanf("%f",&r);            //输入半径
    area=PI * r * r;          //圆的面积公式
    printf("圆的面积为%f 平方厘米\n",area);
}
```

除了标准输出外,程序还可以根据用户需要的形式指定输出格式。读者可尝试把上面程序中的语句

```
printf("圆的面积为%f 平方厘米\n",area);
```

修改为

```
printf("圆的面积为%0.2f 平方厘米\n",area);
```

比较一下输出结果有什么不同。

2.1.5　C语言算术表达式与数学公式

表达式是由常量、变量、函数、运算符和括号组合起来的式子。一个表达式有一个值及其类型,它们等于计算表达式所得结果的值和类型。

算术表达式是用算术运算符和括号将运算对象(又称操作数)连接起来的、符合C语法规则的式子。以下是算术表达式的例子。

```
a+b
(a * 2)/c
(x+r) * 8-(a+b)/7
```

数学公式在程序中正确地转换成C语言算术表达式要注意以下几点。

(1) 正确使用算术运算符,加(＋)、减(－)、乘(＊)、除(/),特别是"＊"不能省略,平方、立方采用"＊"连乘求积,平方根采用函数 sqrt()。

(2) 如果是分数形式的数学表达式,则一定要将分子、分母分别用一对圆括号括起来,用圆括号决定运算顺序,如(a+b+c)/2。

除法"/"运算还与数据类型有关。当左右两侧为整型,运算结果是整型;当左右两侧有一个为实型时,运算结果是实型。如 13/2 的运算结果是 6,而不是 6.5;13.0/2、13.0/2.0 或 13/2.0 的运算结果都是 6.5。

简单赋值运算符记为"＝"。由"＝"连接的式子称为赋值表达式。其一般形式为"变量＝表达式",例如:

```
x=a+b,p=(a+b+c)/2
```

赋值表达式的功能是计算"＝"号右边表达式的值,再赋给左边的变量。"＝"的左边一定为变量。

2.1.6　程序语句序列的表示

针对任务 2.1,程序由语句序列分步骤完成。

（1）定义变量。

（2）输入 a、b、c 的值。

（3）计算周长 l。

（4）计算 p 和面积 s。

（5）输出计算结果。

简单的程序可以用上述方法(用自然语言)来描述程序解题步骤和方法。复杂的程序解题步骤就需要采用流程图来描述,本任务采用传统流程图描述,如图 2.6 所示。

开始
定义变量
输入a、b、c
计算周长l
计算p和面积s
输出l、s
结束

图 2.6　计算三角形面积流程

2.1.7　程序代码

程序代码如下:

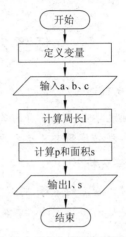

求三角形面积

```
//程序的功能是计算三角形周长和面积
#include <stdio.h>              //C语言预处理程序的一条包含命令
#include <math.h>              // math.h包含了数学求平方根sqrt()函数
main()
{
    float a,b,c,p,l;          //float用来定义单精度实型的变量a、b、c、p、l
    double s;                 //double定义变量s为双精度实型,存储三角形的面积
    printf("please input the a,b,c:\n");      //提示语句,增加程序可读性
    scanf("%f %f%f", &a, &b, &c);            //输入三角形的三条边
    l=a+b+c;                                 //计算周长
    p=(a+b+c)/2;
    s =sqrt(p * (p-a) * (p-b) * (p-c));      //计算面积
    printf("l=%.2lf,s=%.2lf\n",l,s);         //打印周长和面积
}
```

计算三角形面积程序的运行结果如图 2.7 所示。

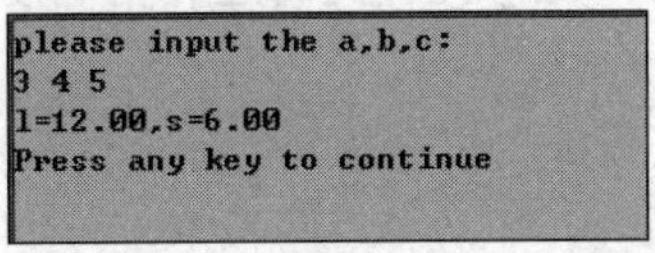

```
please input the a,b,c:
3 4 5
l=12.00,s=6.00
Press any key to continue
```

图 2.7　计算三角形面积程序的运行结果

【课堂思考】

（1）如果将"p=(a+b+c)/2;"改为"p=1/2 * (a+b+c);",程序计算结果正确吗? 试分析原因,并说明如何改正。

（2）输入两个数据给变量,交换后输出。尝试用两种方法解决:一种可用中间变量,另一种不能用中间变量。

任务 2.2　密码的破解——字符运算

任务描述

通过学习多个字符的加密和解密过程,掌握各种运算符和表达式的使用。同时理解数据类型转换的定义及方法。

任务分析

对于指定的字符,将其转换为整数,再采用异或运算符进行加密和解密。注意字符类型和整型的转换方法。在输入密钥时,也要使用字符串到整型的转换方法。

2.2.1　运算符与表达式

C语言表达式类似于数学运算中的表达式,是由运算符、常量和变量等连接而成的式子。在学习运算符时要注意运算符的两个重要特性:优先级和结合性。优先级规定了优先级高的运算先执行,优先级低的运算后执行;在相同优先级的情况下,结合性决定了运算的顺序,左结合的从左往右算,右结合的从右往左算。

根据运算符作用的操作数个数来划分运算符的类型。C语言中有三种类型的运算符。

(1) 一元运算符:带一个操作数。

(2) 二元运算符:带两个操作数。

(3) 三元运算符:带三个操作数,C语言中仅有一个三元运算符"?:"。

根据运算符所处理操作的种类,又分为以下几种类型的运算符。

(1) 算术运算符:一般的代数运算。

(2) 赋值运算符:将数据存入变量中。

(3) 关系运算符:比较数据的大小,结果为真或假。

(4) 逻辑运算符:结果为真或假。

(5) 按位运算符:用此运算能对最小数据——位(bit)操作。

(6) 条件运算符:这是 for 语句的简化表达方式。

(7) 类型转换运算符:转换数据类型,提高运算精确度。

下面依次介绍这些运算符。

1. 算术运算符

算术运算符用于对操作数进行算术运算,C语言提供的算术运算符及其功能如表 2.6 所示。

尽管+、−、*、/这些运算符和数学上的运算符意义一样,但在具体运算时还是有一些区别。比如,对整数进行除法运算时,直接舍弃小数部分,取整数部分;而对小数进行除法运算时,保留小数部分。求模运算符(%)用于求余数,运算对象只能是整数,例如,7%2=1。

表2.6 C语言提供的算术运算符及其功能

算术运算符	优先级	含义	运算对象数目	表达式样例	运算结果
−	优先级高	求反	单目	−(−3)	3
*		乘法	双目	3 * 2	6
/		除法	双目	7/2	3
				7.0/2	3.5
%		求余	双目	7%2	1
+		加法	双目	3+2	5
−	优先级低	减法	双目	3−2	1

说明：*、/、%的运算优先级一样。+、−的运算优先级一样。

【例2.5】 从键盘输入一个两位的任意正整数，输出这个数的十位、个位数字。

分析：对于一个两位的正整数 i，它的十位上的数字等于 i÷10 的商的整数部分；它的个位上的数字等于 i÷10 的余数，可用 i%10 求得。程序代码如下：

```c
#include <stdio.h>
main()
{
    int i,s,g;                 //i为两位的正整数,s为十位的数,g为个位数
    printf("请输入两位的正整数:\n");
    scanf("%d",&i);           //获取用户输入的整数
    s=i/10;                   //获取十位部分
    g=i%10;                   //获取个位部分
    printf("%d的十位部分是%d,个位部分是%d\n",i,s,g);
}
```

求一个多位正整数 i 的个位、十位、百位、千位数码……可以用表达式 i%10 得到其个位上的数字，用表达式 i/10%10 得到其十位上的数字，用表达式 i/100%10 得到其百位上的数字……

算术表达式是由数值型的常量、变量、方法和算术运算符组合而成的有一定意义的算式，算术表达式的运行结果为数值型数据。如果操作数有不同的精度，运算结果将采用精度高的数据类型，例如：

```c
double x, y=4.0;
x=5/y;
```

先计算"="右边的式子 5/y，"/"有两个操作数 5 和 y。y 为 double 类型，5 为 int 类型，double 较 int 高阶，于是低阶的 5 向 y 看齐，把 5 提升为 double 类型的 5.0。5/y 的运算值为 1.25，为 double 类型，该值存入 x 中，得出 x 值为 1.25。

2. 赋值运算符

赋值运算符用于将一个数据赋予一个变量，"="是最简单的运算符，前面已经使用过这个运算符对变量进行赋值。赋值运算符左操作数必须是一个变量，右操作数是一个与变量类型匹配的表达式，例如：

```
int a,b;
a=30;
b=a;
```

注意："="不是代数中相等的意思。b=a 只是将 a 的值赋给 b,并不表示 a 和 b 永远相等。

C语言允许对多个变量连续赋值,例如,a＝b＝c＝22。连续赋值的运算顺序是从右向左(又称为右结合性),因此,a＝b＝c＝22 的运算顺序是先对 c 赋值,得到赋值表达式 c＝22 的值是 22,再对 b 赋值,得到 b＝c＝22 的值是 22,最后才对 a 赋值。

常用的赋值运算符如表 2.7 所示。

表 2.7　常用的赋值运算符

类　　型	运 算 符 号	说　　明
简单赋值运算符	＝	x＝2,将 2 存到变量 x 中
复合赋值运算符	＋＝	x＋＝2,等价于 x＝x＋2,表示将变量 x 原有的值加上 2,重新存入 x 中
	－＝、＊＝、/＝、%＝	类似于＋＝
自增自减运算符	＋＋	x＋＋或＋＋x 等价于 x＝x＋1
	－－	x－－或－－x 等价于 x＝x－1

注意：复合运算符也是右结合性的,例如,x＊＝a＊3＋9 相当于 x＝x＊(a＊3＋9)。

下面重点介绍自增运算符和自减运算符。

自增运算符(＋＋)和自减运算符(－－)都是单目运算符,它们既可以位于变量的左边(＋＋x),也可以位于变量的右边(x＋＋)。对于变量 x 来说,这两种形式没有区别,都是对 x 值增1,例如:

```
int x=4;
    x++;          //x 值为 5
    ++x;          //x 值为 6
```

但如果它们作为表达式的一部分,则有明显的区别,如下所示。

```
++i,--i          (此为前缀表达式,在使用 i 之前,先使 i 的值加/减 1)
i++,i--          (此为后缀表达式,在使用 i 之后,使 i 的值加/减 1)
```

例如:

```
x=2;             //变量 x 的原值为 2
a=x++;           //变量 x 的值变为 3,但变量 a 的值为 2
b=x--;           //变量 x 的值变为 2,但变量 b 的值为 3
c=++x;           //变量 x 的值变为 3,变量 c 的值也为 3
d=--x;           //变量 x 的值变为 2,变量 d 的值也为 2
```

为什么会出现这样的结果呢?因为当 x＋＋和 x－－作为表达式的一部分时,程序先取 x 的原值进行赋值,然后 x 进行自增或自减,即表达式值的变化滞后于变量 x 值的变化;当＋＋x 和－－x 作为表达式的一部分时,程序先执行自增或自减运算,然后将执行的结果进行赋值,即表达式的值和 x 的值同步变化。

当程序运行下面的代码后,x、y 和 a 的值各是多少?

【例 2.6】 自增和自减运算符的计算。

```
#include <stdio.h>
main()
{
    int a,b,x,y;
    a=1;
    b=2;
    x=b*a++;
    y=++a+b;
    printf("a=%d,b=%d,x=%d,y=%d\n",a,b,x,y);
}
```

在给 x 赋值时,和 b 相乘的 a 的值是 1,所以 x 的值是 2;然后 a 的值增 1,为 2。在给 y 赋值时,先计算++a 的值为 3(++的优先级比+高),再和 b 相加得 5。最终的运行结果为:a=3,b=2,x=2,y=5。

3. 关系运算符

关系运算符又称为比较运算符,用于对两个表达式的值进行比较运算,运算结果为真或假。它属于双目运算符。其功能如表 2.8 所示。

表 2.8 关系运算符及其功能

关系运算符	含义	比较问题	构造表达式	表达式样例	运算结果
==	等于	判断 x 是偶数	x%2==0	3==3	真(用 1 表示)
!=	不等于	判断 x 不是偶数	x%2!=0	5!=4	真
<	小于	成绩不及格	成绩<60	4<5	真
<=	小于或等于	工资在 3000 元以下(含 3000 元)免交个人所得税	工资<=2000	15<=18	真
>	大于	判断方程 a*x*x+b*x+c 是否有两个不相等的实数根	b*b-4*a*c>0	4>5	假(用 0 表示)
>=	大于或等于	成绩及格	成绩>=60	15>=18	假

（1）关于优先次序

前两种关系运算符(==、!=)优先级别相同,后 4 种也相同。前两种低于后 4 种。关系运算符的优先级低于算术运算符,高于赋值运算符。

（2）比较运算的规则

对于数值型数据,比较数值大小;在 C 语言中,没有 bool 型,真用 1 表示,假用 0 表示;对于 char 型,比较其 ASCII 码大小;对于 A 和 B 两个字符串的比较,从左到右逐个比较字符 ASCII 编码大小,如"abc"=="abc"、"abc"<"abe"、"abc"<"abcd"、"abc">"abaa"。

数字、大写字母、小写字母、汉字的 Unicode 编码大小的关系为:0<1<…<9<A<

B<…<Z<a<b<…<z<所有的汉字。

来看看下面程序的结果是多少。

【例 2.7】 关系表达式的计算。

```
#include <stdio.h>
main()
{
    int x=8,y,z;
    y=z=x++;
    printf ("%d\n",(x>y)==(z==x-1));
    x=1;
    printf ("%d\n",x++>=++y-z--);
}
```

程序执行 y=z=x++后,得到 z=8,y=8,x=9。因此,第一个表达式的值是真,值为 1。第二个表达式是 x++>=++y-z--,即比较 1>=9-8,得到结果也为 1。

4.逻辑运算符

逻辑运算符用于对表达式执行逻辑运算,结果为真或假。逻辑运算符中的逻辑非(!)为单目运算符,其他都为双目运算符。逻辑运算符通常与关系运算符一起使用,构成控制结构的条件。C 语言常用的逻辑运算符及其功能如表 2.9 所示。

表 2.9　C 语言常用的逻辑运算符及其功能

逻辑运算符	含　义	表达式样例	运算结果	使 用 说 明
!	逻辑非	!(3>1)	0	原表达式的值为 1,非运算后为 0,反之为 1
&	按位与	(3>1)&(5<8)	1	两个表达式的值均为 1,与运算后为 1,否则均为 0
|	按位或	(3>1)|(5<8)	1	两个表达式任意一个值为 1,或运算结果为 1,否则为 0
&&	逻辑与	(3>1)&&(5<8)	1	同 &
||	逻辑或	(3>1)||(5<8)	1	同 |

逻辑运算的真值表如表 2.10 所示。

表 2.10　逻辑运算的真值表

a	b	!a	!b	a&&b	a||b
1	1	0	0	1	1
1	0	0	1	0	1
0	1	1	0	0	1
0	0	1	1	0	0

逻辑运算符和其他运算符优先级的关系如图 2.8 所示。

按照运算符的优先顺序可以得出:

a>b && c>d　　　　　等价于　　(a>b)&&(c>d)

!b==c‖d<a　　　　　等价于　　((!b)==c)‖(d<a)

a+b>c&&x+y<b　　　等价于　　((a+b)>c)&&((x+y)<b)

一个逻辑表达式中可能含有算术运算符、关系运算符、赋值运算符等,在计算逻辑表达式时,应按照各种运算符的优先级和结合性进行计算。下面来看一个例子。

【例2.8】　逻辑表达式的计算。

```c
#include <stdio.h>
main()
{
    int a=3,b=4,c=5,flag;
    flag=3*(a+b)>c &&a++==b‖c!=0&&!0 ;
    printf ("%d\n",flag);
}
```

其运算过程如图2.9所示。

图2.8　运算符的优先顺序

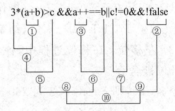

图2.9　运算过程

此外,在按位与(&)和逻辑与(&&)、按位或(|)和逻辑或(‖)之间也存在细微的差别。对于a&&b,如果a为0,则不计算b的值,整个表达式直接返回0;对于a&b,即使a为0,也要计算b的值。同理,对于a‖b,如果a为1,则不计算b的值,整个表达式直接返回1;对于a|b,即使a为1,也要计算b的值。

使用逻辑与和逻辑或的优点很多,既可以提升程序的运行速度,也避免了很多运行时错误。例如,下面的这段代码运行起来会产生异常,而把&变成&&则没有问题,读者知道为什么吗?

```c
#include <stdio.h>
main()
{
    int a=0,flag;
    flag=((a!=0)&(5/a==1));
    printf("%d\n",flag);
}
```

5. 按位运算符

位(bit)是最小的数据单位,8个连续位组成1字节(byte)。前面用过的运算符号皆视变量为一个整体,而按位运算符则进行位与位之间的运算。本小节学到的知识,将对实现任务 2.2 有着至关重要的作用。

C语言提供了 6 种位运算符,如表 2.11 所示。

表 2.11　位运算符的运算规则

按位运算符	含义	优先级	运算规则
~	取反	优先级高	对二进制位进行按位取反
<<	左移		将二进制位向左移位
>>	右移		将二进制位向右移位
&	按位与		对二进制位进行按位与运算
^	按位异或		对二进制位进行按位异或运算
		按位或	优先级低	对二进制位进行按位或运算

说明:<<、>>的优先级一样,&、^、|的优先级一样。

(1) 按位取反:将参加运算的整数各个二进制位逐位取反。

令 $a=65$,则 $c=\sim a$ 为 190 或者 -66。

```
    01000001      (操作数 a:整数 65)
~   10111110      (结果 c:190 或 -66)
```

(2) 左移位:在移位过程中,各个二进制位顺序向左移动,右端空出的位补 0,移出左端之外位被舍弃。

令 $a=65$,则 $c=a<<2$ 为 260。

```
        0000000001000001      (操作数 a:整数 65)
a<<2    0000000100000100      (结果 c:260)
```

(3) 右移位:在移位过程中,各个二进制位顺序向右移动,移出右端之外的位被舍弃,左端空出的位是补 0 还是补 1 取决于被移出的数是有符号还是无符号。对于无符号一律补 0,有符号就不赘述了。

令 $a=65$,则 $c=a>>2$ 为 16。

```
        0000000001000001      (操作数 a:整数 65)
a>>2    0000000000010000      (结果 c:16)
```

(4) 按位与:对参加运算的二进制数逐对进行与运算。

令 $a=65,b=120$,则 $c=a\&b$ 为 64。

```
      01000001      (操作数 a:整数 65)
&     01111000      (操作数 b:整数 120)
      ────────
      01000000      (结果 c:64)
```

(5) 按位或:对参加运算的二进制数逐对进行或运算。

令 $a=65,b=120$,则 $c=a|b$ 为 121。

```
      01000001      (操作数 a:整数 65)
|     01111000      (操作数 b:整数 120)
      ────────
      01111001      (结果 c:121)
```

(6) 按位异或:如果一对二进制位中的两个位相同,则结果为 0;否则,结果为 1。

令 a＝65,b＝120,则 c＝a^b 为 57。

      01000001   （操作数 a：整数 65）

^   01111000   （操作数 b：整数 120）

─────────────

      00111001   （结果 c：57）

6. 条件运算符

条件运算符是 C 语言中唯一的一个三目运算符,其用于在两个可能的选择之间选择一个,取决于第一个表达式的值是 1 还是 0。其语法格式如下:

表达式?表达式 1: 表达式 2

规则:若为真,则取表达式 1 的值;若为 0,则取表达式 2 的值。例如,(x>5)? 9;10,如果 x 大于 5,则结果为 9,否则为 10。

【例 2.9】 输出两个数的较大者。

```
#include <stdio.h>
main()
{
    int a,b,max;              //a、b 各存放一个数,max 存放较大的数
    printf("请输入两个数:");
    scanf("%d%d",&a,&b);
    max=a>b?a:b;
    printf("最大值为%d\n",max);
}
```

7. 类型转换运算符

类型转换运算符是把表达式的运算结果强制转换成类型说明符所表示的类型。其语法格式如下:

(类型说明符)表达式

```
(float) a            //把 a 转换为实型
(int)(x+y)           //把 x+y 的结果转换为整型
```

2.2.2 数据类型转换

C 语言中提供数据类型转换的方法很多,根据类型的种类可以进行强制转换赋值,也可以进行默认转换。在任务 2.2 中,关于密码的输入、密钥的生成,都需要用到类型转换的功能。本节将介绍 C 语言数据类型转换的种类及其方法。

在 C 语言中,各类型数据间可以混合运算,类型之间可以实现转换。

1. 自动进行类型转换

在不同类型数据的混合运算中,由系统自动实现转换,由少字节类型向多字节类型转

换。不同类型的数据相互赋值时也由系统自动进行转换,把赋值号右边的类型转换为左边的类型。

自动转换遵循以下规则。

(1) 若参与运算量的类型不同,则先转换成同一类型,然后进行运算。

(2) 转换按数据长度增加的方向进行,以保证精度不降低。如 int 型和 long 型运算时,先把 int 转换成 long 型后再进行运算。

(3) 所有的浮点运算都是以双精度进行的,即使仅含 float 单精度类型运算的表达式,也要先转换成 double 型,再进行运算。

(4) char 型和 short 型参与运算时,必须先转换成 int 型。

(5) 在赋值运算中,赋值号两边的数据类型不同时,赋值号右边的类型将转换为左边变量的类型。如果右边的数据类型长度比左边长时,将丢失一部分数据,这样会降低精度,而丢失的部分按四舍五入向前舍入。

类型自动转换的规则如图 2.10 所示。

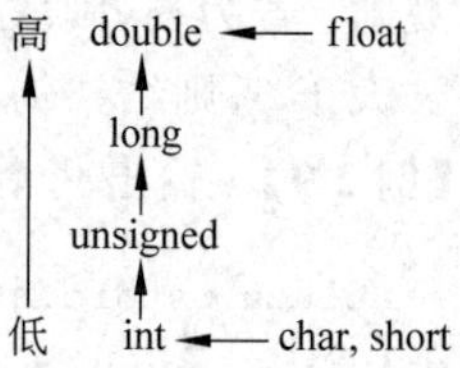

2. 强制类型转换

由强制转换运算符完成转换。

强制类型转换的一般形式如下:

(类型说明符)(表达式)

其功能是把表达式的运算结果强制转换成类型说明符所表示的类型,例如:

```
(float) a                  //把 a 转换为实型
(int)(x+y)                 //把 x+y 的结果转换为整型
```

分析以下程序的运行结果。

```
#include <stdio.h>
main()
{
    int m=5;
    printf("m/2=%d\n",m/2);
    printf("(float)(m/2)=%f\n",(float)(m/2));
    printf("(float)m/2=%f\n",(float)m/2);
    printf("m=%d\n",m);
}
```

图 2.10 类型自动转换的规则
（高 double ← float, long, unsigned, 低 int ← char, short）

2.2.3　对称加密技术的引入

过去一提到"密码",就会使人联想到侦探小说和军事技术。如今,密码已成为互联网时代社会生活基础设施不可或缺的技术。本小节将模拟一个使用密码的场景,通过读者自己对字符串进行加密和解密,加深对前面所学知识的理解。

场景:解放战争前夕,我方特工人员潜伏在国民党内部,他们主要通过密电与党组织取得联系,传达敌方情报,配合我方的进攻作战。这天夜晚,情报员小李收到了一封关于我军主力发起总攻的时间和地点的密电,内容很简单:＞53wj532。解密的关键信息是《康熙字典》第120页第一个字的笔画数。那么,小李能及时破解密电,从而光荣地完成任务吗?

下面请读者一起来帮小李完成任务。首先,先来看看对称加密技术的简单原理。对称密码体制是一种传统密码体制,又称为私钥密码体制。在对称加密系统中,加密和解密采用相同的密钥。因为加密和解密的密钥相同,需要通信的双方必须选择和保存他们共同的密钥,各方必须信任对方不会将密钥泄露出去,这样就可以实现数据的机密性和完整性。加密和解密的流程原理如图 2.11所示。

图 2.11　加密和解密的流程原理

可用一个简单的示例解释图 2.11 中的流程,如图 2.12 所示。

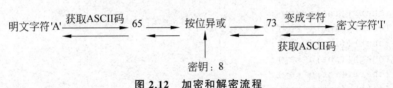

图 2.12　加密和解密流程

从图 2.12 中可见,一串文字经过两次异或操作后又被还原,这就是加密原理。

上述案例的加密部分的实现代码如下:

```c
#include <stdio.h>
main()
{
    int key;
    char ch1;                //要加密的字符
    char ch2;                //加密后的字符
    char ch3;                //解密后的字符,其实就是原来的字符
    printf("请输入要加密的字符:\n");
    scanf("%c",&ch1);
    printf("请输入密钥:\n");
    scanf("%d",&key);
    ch2=(char)((int)ch1^key);
    printf("密文为:%c\n",ch2);
    ch3=(char)((int)ch2^key);
    printf("解密后为:%c\n",ch3);
}
```

2.2.4　运行程序

在 2.2.3 小节的场景中,明文就是未加密的原始电文,采用最简单的按位异或方式加密。密文已经通过电报发给小李:＞53wj532,而加密和解密的关键是密钥,即《康熙字典》的第 120 页第一个字,原来是个"报"字,笔画数为 7。

下面给出加密、解密的程序代码。

```
#include <stdio.h>
main()
{
    int key;
    char i='>';
    char j='5';
    char m='3';
    char n='w';
    char o='j';
    char p='5';
    char k='3';
    char l='2';

    printf("请输入密钥:");
    scanf("%d",&key);

    i=(char)((int)i^key);
    j=(char)((int)j^key);
    m=(char)((int)m^key);
    n=(char)((int)n^key);
    o=(char)((int)o^key);
    p=(char)((int)p^key);
    k=(char)((int)k^key);
    l=(char)((int)l^key);

    printf("明文为:%c%c%c%c%c%c%c%c\n ",i,j,m,n,o,p,k,l);
}
```

运行程序,把明文写出来:_____。

现在,读者可尝试将自己的银行密码加密。记住,别忘了密钥。

任务2.3　求解一元二次方程——数学函数和复杂公式

任务描述

在一些复杂的数学公式中,往往需要计算开方、求幂、求三角函数等功能。本任务将通过求三角形的面积公式,引出 math 库函数的使用。最后通过一个案例给出求二次方程的解。

任务分析

很多公式均可以用来求三角形的面积。简单的如"面积＝底×高/2",复杂的如海伦公式、夹角公式等。要解决这些特殊公式的计算问题,必须先要了解常用的数学函数。

2.3.1　常用的数学函数

为了解决复杂公式的计算问题,C语言在 math 头文件中定义了许多数学函数,包括三角函数、对数函数等。

C 语言常用的数学函数如表 2.12 所示,使用时必须加上头文件 math.h。

表 2.12   C 语言常用的数学函数

函数名称	说　　明
abs(n)	返回数字 n 的绝对值
acos(d)	返回余弦值为指定数字 d 的角度
asin(d)	返回正弦值为指定数字 d 的角度
atan(d)	返回正切值为指定数字 d 的角度
ceiling(n)	返回大于或等于数字 n 的最小整数值
cos(θ)	返回指定角度的余弦值
exp(n)	返回 e 的指定 n 次幂
floor(n)	返回小于或等于指定小数 n 的最大整数
log(n)	返回指定数字 n 的自然对数(底为 e)
log10(n)	返回指定数字 n 以 10 为底的对数
pow(m,n)	返回指定数字 m 的指定 n 次幂
round(m)	将小数值 m 舍入到最接近的整数值
sin(θ)	返回指定角度的正弦值
sqrt(d)	返回指定数字 d 的平方根
tan(θ)	返回指定角度的正切值
E	表示自然对数的底,它由常数 e 指定
PI	表示圆的周长与其直径的比值

说明:角度 d 必须用弧度表示。可通过乘以 PI/180 将角度转换成弧度。

下面来看几个简单的例子。

【例 2.10】   求 $\cos 30°$ 的值。

程序代码如下:

```
#include <stdio.h>
#include <math.h>
#define PI 3.14f
main()
{
    double x,y;
    x=30.0;
    y=cos(x / 180 * PI);
    printf("%lf\n",y);
}
```

程序运行结果如下:

```
0.866026
```

【例 2.11】   求 $6^{5.2}$ 的值。

程序代码如下:

```
#include <stdio.h>
#include <math.h>
main()
{
    double x;
    x=pow(6.0,5.2);
    printf("%lf\n",x);
}
```

程序运行结果如下：

11127.216

【例 2.12】　求 lg3 的值。

程序代码如下。

```
#include <stdio.h>
#include <math.h>
main()
{
    double x;
    x=log10(3);
    printf("%lf\n",x);
}
```

程序运行结果如下：

0.477

2.3.2　一元二次方程组的求解

读者在中学时已经学习了一元二次方程的解法,它的基本表达式为 $ax^2+bx+c=0$ $(a\neq0)$。其中,a 为方程的二次项系数,b 为一次项系数,c 为常数。若 $a=0$,则该方程没有二次项,即变为一次方程。

一元二次方程的根有以下几种情况。

(1) 若 $b^2-4ac<0$,无实数根;有两个复数根：$x_1=\dfrac{-b+\mathrm{i}\sqrt{4ac-b^2}}{2a}$,$x_2=\dfrac{-b-\mathrm{i}\sqrt{4ac-b^2}}{2a}$。

(2) 若 $b^2-4ac=0$,有两个相等实根：$x_1=x_2=-\dfrac{b}{2a}$。

(3) 若 $b^2-4ac>0$,有两个不等实根：$x_1=\dfrac{-b+\sqrt{b^2-4ac}}{2a}$,$x_2=\dfrac{-b-\sqrt{b^2-4ac}}{2a}$。

其中,b^2-4ac 称为根的判别式,常记为 Δ。

分析：要输入一个一元二次方程,首先应确定该方程各个项的系数。下面定义三个 int 类型的变量来存放二次项、一次项和常数项的系数值。为了方便计算,还可以定义一个 double 变量存放 Δ 的值。最后有必要设置两个 double 变量存放两个实根。由于存在 $\Delta < 0$ 的情况,使用选择语句 if 进行了判断。有关 if 语句可参考模块 3。程序需要用到开方,这需要借助 math() 函数中的 sqrt() 方法。

程序代码如下:

```c
#include <stdio.h>
#include <math.h>
main()
{
    int coefficient1,coefficient2,constant;
    printf("请输入二次项系数:");
    //x² 的系数
    scanf("%d",&coefficient1);
    printf("请输入一次项系数:");
    //x 的系数
    scanf("%d",&coefficient2);
    printf("请输入常系数:");
    //二次方程的常数值
    scanf("%d",&constant);
    //输出二次方程
    printf("二次方程为:%dx2+ %dx +%d\n",coefficient1,coefficient2,constant);
    //存放表达式 b²-4ac 的值
    double expression=0;
    double x1=0;
    double x2=0;

    expression=coefficient2 * coefficient2-(4 * coefficient1 * constant);
    if (expression<0)
        printf("该方程无实根\n");
    else
    {
        x1=((-coefficient2)+sqrt (expression))/(2 * coefficient1);
        x2=((-coefficient2)-sqrt (expression))/(2 * coefficient1);
        printf("x1=%f",x1);
        printf(" 或 ");
        printf("x2=%f\n",x2);
    }
}
```

程序运行结果如图 2.13 所示。

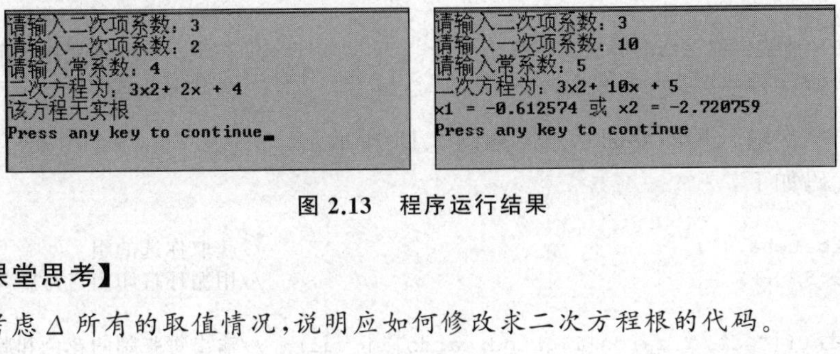

图 2.13 程序运行结果

【课堂思考】

(1) 考虑 Δ 所有的取值情况,说明应如何修改求二次方程根的代码。

(2) 编写程序,实现如下功能:从键盘输入三个点的坐标(1,1),(2,4),(3,2),求过该三点的三角形面积。

任务2.4　猜牌游戏的界面——输入/输出语句

🖳 任务描述

9张牌分成三行三列,玩家选定一张牌,通过最多三次确认所选牌所在第几行,最终确定所选牌是哪一张牌。

🔩 任务分析

本任务主要介绍了输入和输出语句,输入语句是让用户输入要处理的数据,输出语句除了输出结果之外,还有一个提示用户输入合法数据的功能。

猜牌游戏的初始界面如图2.14所示,目的是提示用户进入游戏,并允许用户输入那张牌所在的行数。

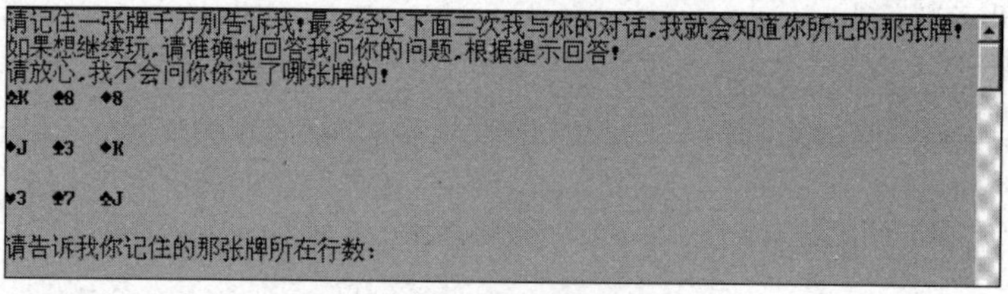

请记住一张牌千万别告诉我!最多经过下面三次我与你的对话,我就会知道你所记的那张牌,如果想继续玩,请准确地回答我问你的问题,根据提示回答!
请放心,我不会问你你选了哪张牌的!
♣K　♣8　♦8

♦J　♣3　♦K

♣3　♣7　♣J

请告诉我你记住的那张牌所在行数:

图2.14　猜牌游戏的初始界面

对应的代码如下:

```
prints("请记住一张牌千万别告诉我!最多经过下面三次我与你的对话,我就会知道你所记的那
        张牌!\n");
printf("如果想继续玩,请准确地回答我问你的问题,根据提示回答!\n");
printf("请放心,我不会问你选了哪张牌的!\n");
i=0;
for(; i<3; i++)                                    //用循环打印出三行牌
{
    printf("%c%c ",cards[i].kind,cards[i].val);    //输出每张牌的花色和牌点
    if((i!=0) && (((i+1)%3)==0))
    printf("\n");                                  //每行打印3张牌后换行
}
printf("请给出你记住的牌所在行数:\n");               //提示这时需要用户输入
input=getchar();                                   //获取你选的组
```

用户第一次输入后的界面示意图如图2.15所示。
程序代码如下:

```
input=getchar();                                   //获取你选的组
for(;i<3;i++)                                       //用循环打印出三行牌
{
    printf("%c%c ",cards[i].kind,cards[i].val);    //输出每张牌的花色和牌点
```

图 2.15　用户第一次输入后的界面示意图

```
if((i!=0) && (((i+1)%3)==0))
    printf("\n");                              //每行打印 3 张牌后换行
}
printf("请给出你记住的牌所在行数:\n");          //提示这时需要用户输入
input=getchar();
```

通过移动行的顺序就可以最后猜出牌来。

任务2.5　编程语句的规范化

📋**任务描述**

为保证开发团队的协作和后期代码维护修改方便,现在许多大公司都制定了代码书写规范。为了培养学生良好的书写代码习惯,C 语言编程要遵照统一的排版风格、注释标准、命名规则及编码原则进行。本任务中列出一些规范要求,供学习者参考。

🔧**任务分析**

通过本任务的学习,树立一个规范编程的理念。

2.5.1　标识符命名规则

标识符的命名要清晰、明了,有明确的含义,同时使用完整的单词或大家基本可以理解的缩写,避免使人产生误解。

所有的标识符只能用字母(A～Z 或 a～z)和数字(0～9),不得包含货币符号或其他非 ASCII 字符。

可以采用一个单词或多个单词的缩写作为名字:较短的单词可通过去掉"元音"形成缩写,较长的单词可取单词的头几个字母形成缩写,一些单词有大家公认的缩写。举例如下。

- temp 可缩写为 tmp。
- flag 可缩写为 flg。
- message 可缩写为 msg。

采用约定俗成的习惯用法,常见的习惯用法如下。

- 循环变量：i、j、k、m、n。
- 长度：length。
- 数量：count。
- 位置：pos 或 position。
- 下标或索引：i 或 index。
- 设置/获取：set/get。
- 大小：size。

Windows 应用程序命名规则如下。

在变量和函数名前加上前缀，用于标识变量的数据类型，即写成如下形式。

[限定范围的前缀]+[数据类型前缀]+[有意义的英文单词]

限定范围的前缀如下。

- 静态变量前加前缀 s_，表示 static。
- 全局变量前加前缀 g_，表示 global。

数据类型的前缀如下。

- ch 为字符变量前缀。
- i 为整型变量前缀。
- f 为实型变量前缀。
- p 为指针变量前缀。

若采用匈牙利命名规则，则应写成：

```
int iI, iJ, ik;        //前缀 i 表示 int 类型
float fX, fY, fZ;      //前缀 f 表示 float 类型
```

对于难以使用英文的情况，可以参考相关行业标准，比如使用国标。尽量避免出现数字编号，不要出现仅靠大小写区分的相似的标识符。

不要出现名字完全相同的局部变量和全局变量。

2.5.2　程序版式

程序版式好比程序员的书法，直接影响程序的可读性，好的程序版式使程序清晰、整洁、美观，让人一目了然，容易阅读，容易测试，便于交流与维护。

1. 对齐与缩进

对齐与缩进是保证代码整洁、层次清晰的主要手段。

现在的许多开发环境、编辑软件都支持"自动缩进"，根据用户输入的代码，智能判断应该缩进还是反缩进，替用户完成调整缩进的工作。VC++ 6.0 中有自动整理格式功能，只要选取需要的代码，按 Alt+F8 组合键就能自动整理成微软的 CPP 格式文件。

(1) 程序块要采用缩进风格编写，一般用设置为 4 个空格的 Tab 键缩进。

(2) 函数体、结构体、循环体以及分支结构中的语句行都须采用缩进风格。

(3) 所有的 if、while、for、do 结构中的语句即使只有一行，也须用括号括起来。

（4）if、while、for、do 语句单独占一行，左、右花括号也各占一行且不缩进。

（5）"{"和"}"独占一行，且位于同一列，与引用它们的语句左对齐，便于检查配对情况。

例如：

```
if(score>=80)
{
    printf("good!");
}
```

2. 变量的对齐规则

变量的对齐规则如下：

数据类型+若干个 Tab+变量名+[若干个 Tab]+=+[初始化值]；

例如：

```
char name[20];
char addr[30];
char sex='F';
int age=20;
float score=90;
```

3. 空格的位置

（1）代码行内的空格——增强单行清晰度

① 在一个关键字之后加一空格，如"int i, j;"。

② 在参数列表的每个逗号","之后加一空格如"Function(x, y, z);"。

③ 赋值、算术、关系、逻辑等二元运算符前后各加一空格，如"sum = sum + term; a = a + 1;"。

④ for 语句的每个表达式之间";"号之后加空格，如"for(i＝0; i＜20; i＋＋)"。

（2）不加空格的情况

① 一元运算符前后一般不加空格，如"a＋＋;""!x＞0;"。

② 在函数名和左括号之间不加空格，如"max(x,y);"。

③ "[]"".""－＞"前后不加空格，如"a[i]""p.name""p－＞name;"。

④ 修饰符 * 和 & 提倡靠近变量名不加空格，如"int *x,y;""char *p＝&str[0];"。

（3）代码行

① 一行只写一条语句，这样方便测试。

② 一行只写一个变量，这样方便写注释。

```
int width;      //宽度
int height;     //高度
int depth;      //深度
```

③ 在定义变量的同时，尽可能初始化该变量，如"int sum＝0;"。

④ 长语句、参数、表达式(超过 80 个 ASCII 字符)应分行书写,操作符放在新行之首,划分出的新行要进行适当的缩进,使排版整齐,语句可读,例如:

```
if ((veryLongVar1 >=veryLongVar2)
    &&(veryLongVar3 >=veryLongVar4))
```

(4) 空行

① 空行起分隔程序段落的作用。

② 在每个函数声明之后加空行。

③ 在每个函数定义结束之后加空行。

在一个函数体内,相邻两组逻辑上密切相关的语句块之间加空行,语句块内不加空行。

2.5.3　注释规范

好的注释(尤其是算法注释)是对设计思想的精确表述和清晰展现,能揭示代码背后隐藏的重要信息,让继任者可以轻松阅读、复用、修改自己的代码。一般情况下,源程序有效注释量必须在 20% 以上。注释一般写在下面几个地方。

(1) 在重要的文件首部。例如,可加以下信息。

文件名+功能说明+[作者]+[版本]+[版权声明]+[日期]

(2) 在用户自定义函数前。例如,可对函数接口进行以下说明。

函数功能+入口参数+出口参数+返回值(包括出错处理)

(3) 在一些重要的语句块上方。

(4) 对代码的功能、原理进行解释说明。

(5) 在一些重要的语句行右方。

(6) 定义一些非通用的变量。

(7) 函数调用。

(8) 较长的、多重嵌套的语句块结束处。

(9) 在修改的代码行旁边加注释。

对各类型注释举例如下。

1. 函数的注释

(1) C 风格

```
/*************************************************/
/*功能描述: 本函数用于实现×××功能,目的是×××   */
/*入口参数: 参数×××,表示×××                  */
/*出口参数: 参数×××,表示×××                  */
/*返回值: 返回×××值,当返回×××值时,表示××× */
/*************************************************/
```

(2) C++ 风格

```
//////////////////////////////////////////////////
//功能描述: 本函数用于实现×××功能,目的是×××  //
```

```
//入口参数: 参数×××,表示×××                          //
//出口参数: 参数×××,表示×××                          //
//返回值: 返回×××值,当返回×××值时,表示××× //
////////////////////////////////////////////
```

2. 块语句的注释

(1) C 风格

```
/*******************************/
/*下面代码是用来接收网络数据,其原理为 */
/*              ......                  */
/*******************************/
```

(2) C++ 风格

```
////////////////////////////////////
//         Visual C++ 风格         //
////////////////////////////////////
```

3. 行语句的注释

(1) C 风格

```
/* C 风格 */
```

(2) C++ 风格

```
//Visual C++ 风格
```

写注释应遵循的原则如下。

(1) 注释的内容要清楚明了,含义准确,防止有歧义性。

(2) 注释应与其描述的代码相近,对代码的注释应放在其上方或右方(对单条语句的注释)相邻位置,不可放在下面,如放于上方则需与其上面的代码用空行隔开。

(3) 变量、常量、宏的注释应放在其上方相邻位置或右方。

(4) 数据结构声明(包括数组、结构、类、枚举等)中,对结构中的每个域的注释放在此域的右方。

(5) 全局变量要有较详细的注释,包括相关功能、取值范围、存取它的函数或过程,以及存取时注意事项等进行说明。

(6) 注释与所描述内容要进行同样的缩排。

(7) 将注释与其上面的代码用空行隔开。

2.5.4　编码原则

(1) 严禁使用未经初始化的变量;避免使用不易理解的数字;涉及物理状态或者含有物理意义的常量时,不应直接使用数字,用有意义的标识来替代。

(2) 注意运算符的优先级,并用括号明确表达式的操作顺序;避免使用默认优先级。

（3）仔细定义并明确公共变量的含义、作用、取值范围及公共变量间的关系。

（4）明确公共变量与操作此公共变量的函数或过程的关系，如访问、修改及创建等。当向公共变量传递数据时，要十分小心，防止赋予不合理的值或越界等现象发生。

（5）防止局部变量与公共变量同名，去掉不必要的公共变量。

（6）对所调用函数的错误返回码要仔细、全面地处理，明确函数功能，精确（而不是近似）地实现函数设计。

归纳与总结

☞知识点

（1）常量就是在程序执行中其值保持固定不变的量，变量是在程序运行过程中其值可以改变的量。使用变量有一条十分重要的原则：先定义，后使用。

（2）掌握常用输入函数 scanf() 和输出函数 printf()，以及字符的输入 getchar() 和输出 putchar() 函数。

（3）C 语言中的表达式类似于数学运算中的表达式，是由运算符、常量和变量等连接而成的式子。在学习运算符时，要注意运算符的两个重要特性：优先级和结合性。

（4）数据类型转换分为强制类型转换和默认类型转换；了解强制类型转换的方法。

（5）C 语言中包含多种数学函数；学会使用这些常用函数。

☞能力点

（1）理解如何声明和使用常量与变量。

（2）理解数据具有不同的类型，以及如何选择这些类型。

（3）理解数据输入/输出常用函数的使用方法。

（4）掌握运算符和表达式的使用。

（5）掌握数据类型转换的两种类型，以及转换的方法。

（6）使用常用数学函数进行复杂的数学计算。

拓 展 阅 读

王小云，中国密码学家，中国科学院院士。她是中国密码学领域的杰出代表之一，长期致力于密码算法的设计与分析研究，取得了一系列具有国际领先水平的创新性成果。她的工作不仅为中国的密码学发展作出了重要贡献，也对全球密码学领域产生了重要影响。

人类刚刚步入 21 世纪时，世界上应用最广泛的两大密码算法就是 MD5 和 SHA-1。这是由美国标准技术局颁布的算法，尤其是 MD5，如果采用通常的计算方式，即使现在最快的巨型计算机，也要运算 100 万年以上才可能破解！在当时，破解 MD5 算法成了世界顶级密码学家的目标，欧洲密码工程的总负责人汉斯·多伯汀教授和世界顶级的密码学家艾利·比哈姆教授，都把破解 MD5 作为一生的梦想。他们在这个难题上摸索了十几年,都没有突破性的成果。因此 MD5 也被称为"密码学家们心目中最无望攻克的领域。"

但是在 2004 年 8 月,这一年的美密会(国际密码学会议,国际上重要的密码学会议)上,全球密码学界因为一位中国女性而轰动,因为她在这一次会上发布的研究成果破解了包括 MD5 在内的 4 种算法。

在破译 MD5 两年之后,在王小云院士的带领下,我国第一个基于哈希函数设计的算法 SM3 诞生。SM3 算法的安全性非常高,可以为我国交通、电力系统、金融系统保驾护航。中国航天工程所用到的通信加密也同样运用到了王小云设计的算法。

在王小云身上,不光有着女性科学家闪耀的夺目光辉,我们更看到了属于中国科研人员的那份国家使命和责任担当。

习 题 2

一、填空题

1. 在 C 语言中,double 类型数据占_____字节;char 类型数据占_____字节。

2. 在 C 语言中,写一个十六进制的整数,必须在它的前面加上前缀_____。

3. 在 C 语言中,以_____作为一个字符串的结束标记的。

4. 在使用标准字符输入函数 getchar()时,应在程序前加上_____。

5. 在 C 语言中,没有专门为存储字符串的变量,但可以用_____来存储字符串,其定义格式为_____。

6. 设 a=7,x=2.5,y=4.7,求 x+a%3*(int)(x+y)%2/4 的值_____。

二、选择题

1. 下面对变量说明正确的是( )。

    A. int a,b,c;   B. int x,float y;   C. int a,x;   D. int a,x

2. 下面( )是正确的变量名。

    A. xy   B. 2xy   C. x+y   D. for

3. 下面不正确的字符串常量是( )。

    A. 'abc'   B. "12.12"   C. "0"   D. "中国"

4. 以下说法正确的是( )。

    A. 输入项可以为一个实型常量,如 scanf("%f",3.5)

    B. 只有格式控制,没有输入项也能进行正确输入,如 scanf("a=%d,b=%d")

    C. 当输入一个实型数据时,格式控制部分应规定小数点后的位数,如 scanf("%4.2f",&f)

    D. 当输入数据时,必须指明变量的地址,如 scanf("%f",&f)

5. 以下正确的叙述是( )。

    A. 在 C 程序中,每行中只能写一条语句

    B. 若 a 是实型变量,C 程序中允许赋值 a=10,因此实型变量中允许存放整型数

C. 在 C 程序中,无论是整数还是实数,都能被准确无误地表示

D. 在 C 程序中,运算符％只能用于整数运算

6. 已知字母 A 的 ASCII 码为十进制数 65,且 c2 为字符型,则执行语句"c2＝'A'＋'6'－'3';"后,c2 的值为(　　)。

    A. D　　　　　　　　B. 68　　　　　　　　C. "0"　　　　　　　　D. C

7. 下列字符中不属于转义字符的是(　　)。

    A. \n　　　　　　　　B. \t　　　　　　　　C. \b　　　　　　　　D. \k

8. 设 x、y 均为 int 型变量,则以下不合法的赋值语句是(　　)。

    A. x * y＝x＋y;　　B. y＝(x％2)/10;　　C. x * ＝y＋8;　　D. x＝y＝0;

9. 以下叙述不正确的是(　　)。

    A. 在 C 程序中,逗号运算符优先级最低

    B. 在 C 程序中,APH 和 aph 是两个不同的变量

    C. 若 a、b 类型相同,在计算 a＝b 后 b 中的值将放入 a 中,而 b 中的值不变

    D. 当从键盘输入数据时,对于整型变量只能输入整型数值,对于实型变量只能输入实型数

10. 指出下面正确的输入语句(　　)。

    A. scanf("a＝b＝％d",&a,&b)　　　　　　B. scanf("％d,％d",&a,&b)

    C. scanf("c＝",c)　　　　　　　　　　　D. scanf("％f％d\n",&f)

11. 表达式 2 * (10＋20)>30 * 30/30 的值是(　　)。

    A. ＋30　　　　　　B. －30　　　　　　C. 真　　　　　　D. 假

12. 若变量 x、y、z 都是 int 型的。现有语句"scanf ("％d,％d,％d", &x, &y, &z);",在键盘上正确的输入是(　　)。

    A. 12％345％678↙　　　　　　　　　B. 12,345,678↙

    C. 12 345 678↙　　　　　　　　　　D. 12↙ 345↙ 678↙

13. 设有变量说明"float x＝4.0,y＝4.0;",使 x 为 10.0 的表达式是(　　)。

    A. x－＝y * 2.5　　B. x＋＝y＋2　　C. x * ＝y－6　　D. x/＝y＋9

14. 设有变量说明"int x＝5,y＝3;",那么表达式"y＝x>y?(x＝1):(y＝－1)"运算后,x 和 y 的值分别是(　　)。

    A. 1 和－1　　　　B. 1 和 1　　　　C. 5 和－1　　　　D. 1 和 3

15. 语句"b＝3＋a－－;"表达的功能,可以由下面的(　　)两个语句来实现。

    A. a－＝1; b＝3＋a　　　　　　　　B. a＝a－1;b＝3＋a

    C. b＝3＋a; a－＝1　　　　　　　　D. b＝3＋a; a＝1

16. 设 x 和 y 均为 int 型变量,则语句"x＋＝y;y＝x－y;x－＝y;"的功能是(　　)。

    A. 交换 x 和 y 中的值　　　　　　　B. 把 x 和 y 按从小到大排列

    C. 把 x 和 y 按从大到小排列　　　　D. 无确定结果

17. 用流程图来描述算法,判断框为(　　)。

    A.　　　　　　B.　　　　　　C.　　　　　　D.

18. 若有说明语句"int i,j;",则执行表达式"i＝(j＝3,j＋＋,j＝5,j＋1)"后 i 的值为(　　)。

　　A. 3　　　　　　　　B. 4　　　　　　　　C. 5　　　　　　　　D. 6

三、编程题

变量交换

1. 编写程序,要求从键盘输入 3 个实数,求 3 个数的和。

2. 编写程序,要求从键盘输入 2 个整数数据,交换后输出。

3. 编写程序,要求从键盘输入大写字母,转换为小写字母输出。

4. 编写程序,要求从键盘输入一个 4 位的整数,输出各个数据位。

选择结构程序设计

目前的计算机还不能称为真正的智能计算机,因为其没有逻辑思维能力,而现实中人们又需要计算机完成各种复杂的任务,这就需要程序员通过编程赋予计算机解决问题的能力。在本模块中,将介绍结构化程序设计中的选择结构程序设计的方法及实现。通过本模块的学习,读者将掌握选择结构的判定条件及常用的分支实现语句。

📝 工作任务

- 求数字的绝对值——if 分支判断。
- 完善三角形面积计算——if-else 分支判断。
- 学生学习成绩评定——多条件分支。
- 猜牌游戏拓展——猜牌分支思考。

🔍 技能目标

- 学会程序设计的基本方法。
- 巩固使用关系运算符和关系表达式。
- 巩固使用逻辑运算符和逻辑表达式。
- 学会单分支和双分支选择结构。
- 会用多分支选择结构程序设计。

任务 3.1　求数字的绝对值——if 分支判断

📋 任务描述

通过键盘输入整数 x,求出其绝对值 y,将结果显示在显示器上。

🎯 任务分析

在日常生活中,人们面临着众多的选择,小到早上吃什么东西,穿什么衣服,大到做什么工作,买房还是租房。人生都是在选择中度过,每次选择就会产生一条分支,每次微小的选择都可能影响最后的结果。程序也正是因为有了选择才能处理众多纷杂的事务,从而使计算机看起来似乎也有智能化的一面。

本任务主要实现数学表达式求 x 的绝对值。

$$y = \begin{cases} x & (x \geqslant 0) \\ -x & (x < 0) \end{cases}$$

从表达式中不难看出如果要求出 y 的值，需要根据 x 的情况来确定 y 的值。通俗地讲，如果一个数字是正数，那么其绝对值就是本身；如果是负数，那么其绝对值就是其相反数。而判断一个数字是正数还是负数，在计算机中则依靠数字和 0 相比较的结果来确定。

3.1.1 if 语句形式（1）——if 形式

单分支——简单 if 语句，省略 else 子句。其语法格式如下：

```
if (表达式) 语句;
```

其语义是：如果表达式的值为真，则执行其后的语句；否则不执行该语句，直接执行下一条语句（语法中的语句可以是语句组）。其过程表示为如图 3.1 所示。

3.1.2 if 语句形式（2）——if-else 形式

双分支——if-else 语句，其语法格式如下：

```
if(表达式)
    语句1;
else
    语句2;
```

语句含义是：如果表达式的值为真，则执行语句 1，否则执行语句 2。双分支选择是在语句 1、语句 2 中选择其中一个分支语句执行，而跳过另一个分支语句（语法中的语句 1、语句 2 可以是语句组）。其执行过程如图 3.2 所示。

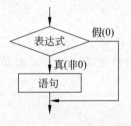

图 3.1 **if 形式语句流程**

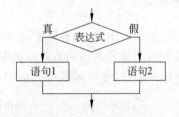

图 3.2 **if-else 形式语句流程**

3.1.3 if 语句形式（3）——if-else-if 形式

当有多个分支选择时，还可采用 if-else-if 语句，其语法如式如下。

```
if(表达式 1)
    语句1;
else if(表达式 2)
    语句2;
else if(表达式 3)
    语句3;
    ⋮
else if(表达式 m)
```

```
        语句 m;
else
        语句 n;
```

语句含义是：依次判断表达式的值,当出现某个值为真时,则执行其对应的语句,然后跳到整个 if 语句之外继续执行程序。如果所有的表达式均为假,则执行语句 n,然后继续执行后续程序(语法中的语句1,语句2,…,语句 n 可以是语句组)。

【课堂思考】

if(a＝b＝c)语句的含义不是变量 a 等于 b 并且等于 c,而是变量 c 的值赋值给 b 后再赋值给 a。同样,if(a＝＝b＝＝c)的含义也不是变量 a 等于 b 并且等于 c,而是先判断变量 a 是否与变量 b 相等,如果相等,a＝＝b 的值就是 1(真),然后再判断 1 和变量 c 是否相等。如果 c 的值是 1,那么结果就是真;如果 c 的值不是 1,结果就是假。如果变量 a 和变量 b 不相等,则判断 0(假)是否和变量 c 相等。

3.1.4　C 语言的语句

C 程序的执行部分是由语句组成的,程序的功能也是由执行语句实现的。C 语句可分为表达式语句、函数调用语句、控制语句、复合语句和空语句五类。

1. 表达式语句

表达式语句由表达式加上分号";"组成,例如：

```
p=(a+b+c)/2.0;                //赋值语句
i++;                          //自增 1 语句,i 值增 1
```

2. 函数调用语句

函数调用语句由函数名,实际参数加上分号";"组成。

执行函数语句就是调用函数体并把实际参数赋予函数定义中的形式参数,然后执行被调函数体中的语句,求取函数值。例如：

```
printf("C Program");          //调用库函数,输出字符串
```

3. 控制语句

控制语句用于控制程序的流程,以实现程序的各种结构方式。它们由特定的语句定义符组成。

C 语言有九种控制语句,可分成以下三类。

(1) 条件判断语句：if 语句、switch 语句。

(2) 循环执行语句：do-while 语句、while 语句、for 语句。

(3) 转向语句：break 语句、goto 语句、continue 语句、return 语句。

4. 复合语句

把多个语句用花括号{}括起来组成的一个语句称为复合语句。

在程序中把复合语句看成是单条语句。复合语句内的各条语句都必须以分号";"结尾,在括号"}"外不能加分号。

5. 空语句

只有分号";"组成的语句称为空语句。空语句是什么也不执行的语句。

在程序中空语句可用于作为空循环体。例如:

```
while(getchar()!='\n')
;
```

这里的循环体为空语句。本语句的功能是,只要从键盘输入的字符不是回车字符,则重新输入。

3.1.5 程序语句序列的表示

针对任务 3.1,程序由语句序列分步骤完成。

(1) 定义变量。

(2) 输入数字 x 的值。

(3) 判断 x 的数值是否大于 0,如果大于 0,则 y 的值为 x 的值,否则 y 的值为 -x。

(4) 输出计算结果,显示 x 的绝对值 y 的值。

本任务采用传统流程图描述,如图 3.3 所示。

3.1.6 程序代码

求数字的绝对值的程序代码如下:

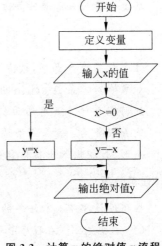

图 3.3 计算 x 的绝对值 y 流程

```
#include <stdio.h>
main()
{
    int x,y;
    printf("\n请输入数字 x:\n");
    scanf("%d",&x);
    if(x>=0)                    //if 选择语句,关系式 x>=0 是条件
        y=x;
    else
        y=-x;
    printf("x 的绝对值 y=%d\n",y);    //输出 x 的绝对值 y 的值
}
```

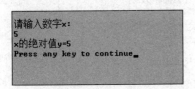

图 3.4 求数字绝对值的程序运行结果

求数字绝对值的程序运行结果如图 3.4 所示。x 的取值为负数的情况,读者可自行验证。

【课堂思考】

(1) 上面编写的程序是否足够完美?如果用户输入的不是数字而是字符程序会怎样?不难发现,

对程序的完美性要求越高,就越需要给程序更多的选择分支,程序也会因此更加健壮,当然程序的语句也会相应地变多、变长。

(2) 如何解决输入任意两个数,求出最大值的问题?

(3) 如何实现输入三个数字,按数字的大小输出三个数字(从大到小)?

任务 3.2　完善三角形面积计算——if-else 分支判断

任务描述

从键盘输入三角形三条边 a、b、c 的值,计算并打印它们的周长和面积程序,公式如下:

$$s=\sqrt{p(p-a)(p-b)(p-c)}, \quad p=\frac{a+b+c}{2}$$

这个程序有个漏洞,读者知道吗?

如果输入三条边 a、b、c 的值不能构成三角形,计算三角形面积时就会出错。

如何完善计算三角形面积的程序呢?

完善任务为:输入三条边 a、b、c 的值,先判断 a、b、c 的值能否构成三角形,若不能构成三角形,打印输入出错信息;若能构成三角形,则打印并计算出三角形的周长和面积。

任务分析

程序设计思路:本任务的处理主要用选择结构程序设计方法完成。

(1) 数据组织。在程序中要指定数据的类型,本任务的数据主要应用了存储信息的变量来组织。本任务程序要定义的变量为:三条边长为 a、b、c,周长为 l,中间结果为 p,面积为 s。

(2) 数据的处理与操作。先把从键盘输入三条边 a、b、c 的值存起来,按数学公理"三角形任意两边之和大于第三边"作为判定条件,如果条件 p 成立为"真",则计算出周长 l 和面积 s,然后打印输出;如果条件不成立则为"假",要打印出错信息。

用伪代码描述如下:

```
input a,b,c
if p than 计算出周长 l 和面积 s
else
    print "输入有错"
```

本项目采用流程图描述,如图 3.5 所示。

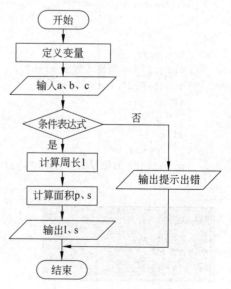

图 3.5　计算三角形面积的流程

3.2.1　关系运算符与关系表达式

在程序中经常需要比较两个量的大小,以决定程序的下一步工作。比较两个量的运算符称为关系运算符。关系运算符都是双目运算符,其结合性均为左结合。

在 C 语言中,关系运算符有:＜(小于)、＜＝(小于或等于)、＞(大于)、＞＝(大于或等于)、＝＝(等于)、!＝(不等于)。

用关系运算符将两个表达式(可以是算术表达式、关系表达式、逻辑表达式、赋值表达式、字符表达式)接起来的式子称为关系表达式。例如:

```
a+b>c,a+c>b,b+c>a ch1=='y',ch1=='Y'
```

关系表达式的值是一个逻辑值,其运算结果为真(1)或假(0)。

3.2.2 逻辑运算符与逻辑表达式

在 C 语言中逻辑运算符有以下几种。

(1) &&：(逻辑与,相当于"同时")双目运算符。

(2) ‖：(逻辑或,相当于"或者")双目运算符。

(3) !：(逻辑非,相当于"否定")单目运算符。

其运算结果为真(1)或假(0)。

例如:0‖1、1&&1、1‖0、1‖1、!0 结果为真(1),1&&0、0&&1、0‖0、!1 结果为假(0)。

用逻辑运算符将关系表达式或逻辑量连接起来的式子就是逻辑表达式,其运算结果为真(1)或假(0)。例如:ch1=='y'‖ch1=='Y'或 a+b>c&&a+c>b&&b+c>a。

3.2.3 if 条件判断语句

if 条件判断语句用于控制程序的分支流程,由给定的条件进行判断,以决定执行某一个分支程序段,或跳过某一个分支程序段,实现选择结构程序设计。分支程序段可由复合语句来完成。

1. if 条件判断语句的格式

```
if(p)      //p 表示判断条件
   语句 1;
[else
   语句 2;] //[]表示可选项,如果"语句 2;"为 if 条件判断语句,就实现了 if 语句的嵌套使用
```

2. 使用 if 语句注意的问题

在 if 语句中,条件判断表达式必须用括号括起来。

在 if 语句中,条件判断表达式通常是逻辑表达式或关系表达式,但也可以是其他表达式,如赋值表达式、变量、常量等。例如:if(a)、if(1)。

在 if 语句中,所有的语句应为单个语句,如果要想在满足条件时执行一组(多个)语句,则必须把这一组语句用花括号{}括起来组成一个复合语句。但要注意的是在"}"之后不能再加分号。

3.2.4　程序代码

求三角形面积的程序代码如下：

```c
#include <stdio.h>
#include <math.h>
main()
{
  float a,b,c,p,l;
  double s;
  printf("please input the a,b,c:\n");
  scanf("%f %f %f", &a, &b, &c);
  if (a+b>c&&a+c>b&&b+c>a)
  {
    l=a+b+c;                                          /*计算周长*/
    p=(a+b+c)/2.0;
    s=sqrt(p * (p-a) * (p-b) * (p-c));                /*计算面积*/
    printf("a=%7.2f,b=%7.2f,c=%7.2f,l=%7.2f\n",a,b,c,l);  /*打印周长*/
    printf("a=%7.2f,b=%7.2f,c=%7.2f,s=%7.2f\n",a,b,c,s);  /*打印面积*/
  }
  else
    printf("a、b、c 不能构成三角形");
}
```

运行结果可由读者自行输入数据验证。

3.2.5　程序说明

程序的功能是先判断输入三边的值后能否构成三角形,如果条件成立,则计算三角形的周长和面积;否则,打印输入出错的信息。此部分的判断可以使程序具备良好的处理能力。

1. 条件表达式

任意两边之和大于第三边,这点必须考虑周到。两边之和大于第三边可由 a+b>c、a+c>b、b+c>a 关系表达式表示。任意两边之和大于第三边必须是三个关系表达式(a+b>c、a+c>b、b+c>a)同时成立,故采用逻辑与(&&)运算连接三个关系表达式(a+b>c、a+c>b、b+c>a)形成逻辑表达式(a+b>c&&a+c>b&&b+c>a),将其运算结果的真(1)、假(0)作为判定条件。

2. 选择结构

```c
if (a+b>c&&a+c>b&&b+c>a)
```

复合语句：由程序第 10 行“{ ”和第 16 行“}”的括号括起来的语句。

```c
{
  else
  printf("a、b、c 不能构成三角形");
}
```

复合语句：把多个语句用花括号{}括起来组成的一个语句组称为复合语句，在程序中应把复合语句看成是单条语句，而不是多条语句。

【课堂思考】

(1) 如果不小心将 if 语句中的条件表达式(a+b>c&&a+c>b&&b+c>a)写成(a+b>c‖a+c>b‖&b+c>a)，输入两组数据"３４５"和"２４６"，程序运行结果会是怎样的？

(2) 如何判断一个三角形是否是等腰三角形？

(3) 如何判断一个三角形是否是等边三角形？

(4) 如何判断一个三角形是否是直角三角形？

(5) 给出三角形的三条边，判断三角形的类型是何种类型？（此题可充分训练读者对于分支条件的划分，注意等边三角形是否也属于等腰三角形？等腰直角三角形又应如何确定？）

3.2.6 小技巧

在任务 3.2 中，a、b、c 为三条边。不难想到，判断直角三角形的逻辑表达式用的就是勾股定理。但是如果开始并没有判断哪条边是直角三角形的斜边（可自行考虑先判断出三角形斜边，再判断直角三角形的逻辑表达式），只好写出以下的判断条件。

a*a+b*b==c*c‖a*a+c*c==b*b‖b*b+c*c==a*a

如果 a、b、c 为三条边且输入的值是整数，该表达式无疑是正确的。如果 a、b、c 的数值为小数，表达式经运算后，则结果有可能不正确，因为计算机在存储实数时，数值部分的小数点后可保留的有效位有限；若运算结果数位较多，有效位后面的数值会被舍去，等号（==0）的判断就产生了误差。

例如，1.0/3*3 的结果并不等于 1。在 C 语言中要注意数据在整型和浮点型之间转换时产生的精度问题。

解决方法：将逻辑表达式 a*a+b*b==c*c 改为 abs(a*a+b*b−c*c)<=1E−7，abs()为求绝对值的函数，1E−7 常数等于 10^{-7}。

任务 3.3　学生学习成绩评定——多条件分支

任务描述

从键盘输入姓名，以及语文、数学两科成绩，打印出各科成绩、总分及平均分数，根据平均成绩评定等级为"优秀"（平均分 90 分以上）、"良好"（80～89 分）、"一般"（60～79 分）、"不及格"（0～59 分），并根据等级随机提出希望鼓励的寄语。成绩评定结果如图 3.6 所示。

任务分析

1. 程序的数据结构

先分析任务程序要处理的数据类型，确定变量名，定义变量的类型。任务要存储输入

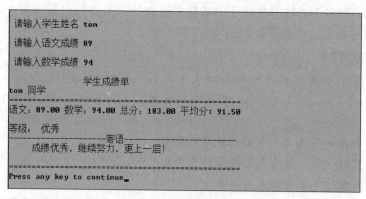

图 3.6　成绩评定结果

的学生姓名、语文、数学等数据。学生姓名定义为字符串数组,语文(chinese)、数学(math)、总分(total)、平均分(ave)定义为单精度实型(float),等级(grade)、随机数(rd)定义为整型(int)。

2.算法设计

本任务主要是处理输入的学生成绩,并计算得到总分及平均分,再根据平均分评定等级,程序流程如图 3.7 所示。采用"自顶向下、逐步求精"的方法进行程序设计,先是顺序考虑输入、输出,进一步细化输出打印,成绩的打印按计算结果直接打印,等级打印要按多分支选择结构选择打印,如图 3.8 所示。

本项目采用多分支选择的 switch 语句来完成学生等级评定,构造表达式 grade=(int)(ave/10),将范围转化为具体的值。

$90 \leqslant ave \Rightarrow 10、9$

$80 \leqslant ave < 90 \Rightarrow 8$

$60 \leqslant ave < 80 \Rightarrow 7、6$

$0 \leqslant ave < 60 \Rightarrow 5、4、3、2、1、0$

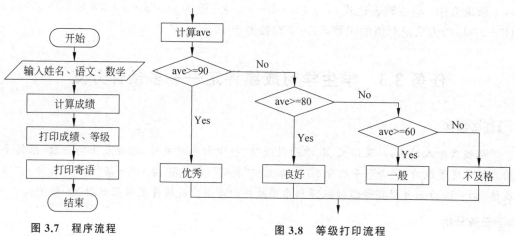

图 3.7　程序流程　　　　　　　　　图 3.8　等级打印流程

最后细化并打印寄语程序,根据成绩等级,由计算机随机打印出寄语。在相应的等级内嵌入多分支选择的 switch 语句来完成。如对于"优秀"等级,由计算机随机产生值为 1~4 的常量,并选择 1~4 对应的鼓励的寄语。最后将 switch 语句嵌入成绩等级打印语句后。

3.3.1 结构化程序设计

结构化程序设计就是利用结构化程序设计语言或按照结构化程序设计思想编制出的程序。采用顺序、选择和循环三种基本结构作为程序设计的基本单元,采用"自顶向下、逐步求精"和模块化的方法进行结构化程序设计。顺序、选择和循环三种基本结构作为程序设计的基本单元,具有以下特点。

(1) 只有一个入口。

(2) 只有一个出口。

(3) 无死语句,即不存在永远都执行不到的语句。

(4) 无死循环,即不存在永远都执行不完的循环。

结构化程序设计是一种进行程序设计的原则和方法,它避免使用 goto 语句,采用"自顶向下、逐步求精"方法进行程序设计,按照这种原则和方法设计出的程序的特点为:结构清晰,容易阅读,容易修改,容易验证。

3.3.2 随机函数

产生随机数要使用 srand() 和 rand() 这两个函数。使用方法如下。

在程序的最开头先包含 stdlib.h 及 time.h 头文件。随机函数 rand() 的功能是产生一个 0~RAND_MAX 随机整数。

一般地,如果想产生 X 和 Y 之间的数,包括 X 和 Y,可以使用下面的公式:

$$k = \text{rand}()\%(Y-X+1)+X$$

一般要使用函数 srand() 设定一个种子,通常利用系统的时间作为随机数种子。

```
srand((unsigned)time(NULL));            //随机数种子器
```

3.3.3 多分支选择

当有多个分支选择时,可以用以下三种方法完成。

1. if 语句的嵌套

当 if 语句中的执行语句又是 if 语句时,则构成了 if 语句嵌套的情形。其一般形式可表示如下:

```
if(表达式)
    if 语句;
```

或者

```
if(表达式)
    if 语句;
```

```
else
    if 语句;
```

一般多分支选择结构流程如图 3.9 所示。

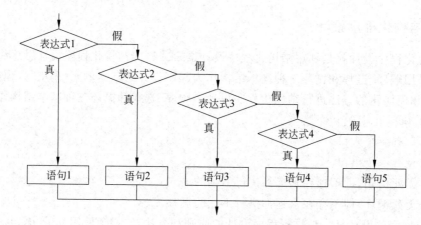

图 3.9　多分支选择一般结构流程

if 语句的嵌套实现如下:

```
if (表达式 1)
    语句 1;
else
  if (表达式 2)
    语句 2;
  else
    if (表达式 3)
      语句 3;
    else
      if (表达式 4)
        语句 4;
      else
        语句 5;
```

特别注意 if 和 else 的配对问题。在嵌套内的 if 语句又有 if-else 语句,这将会出现多个 if 和多个 else 重叠的情况。C 语言规定,else 总是与它前面最近的 if 配对。

$$
\left\{
\begin{array}{l}
\text{if}(\dots) \\
\quad\left\{
\begin{array}{l}
\text{if}(\dots) \\
\quad\left\{
\begin{array}{l}
\text{if}(\dots) \\
\text{else}\dots
\end{array}
\right. \\
\text{else}\dots
\end{array}
\right. \\
\text{else}\dots
\end{array}
\right.
$$

2. 多分支(if-else-if 语句)

当有多个分支选择时,还可采用 if-else-if 语句,其语法格式如下:

```
if(表达式 1)
    语句 1;
```

```
else if(表达式 2)
    语句 2;
else if(表达式 3)
    语句 3;
        ⋮
else if(表达式 m)
    语句 m;
else
    语句 n;
```

语句含义是：依次判断表达式的值，当出现某个值为真时，则执行其对应的语句，然后跳出整个 if 语句之外继续执行程序；如果所有的表达式均为假，则执行语句 n，然后继续执行后续程序。

对于如图 3.9 所示流程，用 if-else-if 语句执行过程如下：

```
if(表达式 1)
    语句 1;
else if(表达式 2)
    语句 2;
else if(表达式 3)
    语句 3;
else if(表达式 4)
    语句 4;
else
    语句 5;
```

3. 多分支选择 switch 语句

C 语言提供了一种用于多分支选择的 switch 语句，其一般形式如下：

```
switch(表达式){
    case 常量表达式 1: 语句 1;
    case 常量表达式 2: 语句 2;
        ⋮
    case 常量表达式 n: 语句 n;
    default          : 语句 n+1;
}
```

语句含义是：先计算 switch() 括号中表达式的值，并逐个与 case 后的常量表达式值作比较，当表达式的值与某个常量表达式的值相等时，即找到匹配者，执行 case 后的语句，然后不再进行判断，继续执行后面所有 case 后的语句。如表达式的值与所有 case 后的常量表达式均不相同时，则执行 default 后的语句。在执行匹配的 case 后的语句时，若遇到 break 语句，则中断执行后面的语句，立即跳出 switch 语句，去执行 switch 的后续语句。多分支选择 switch 语句流程如图 3.10 所示。

在使用 switch 语句时还应注意以下几点。

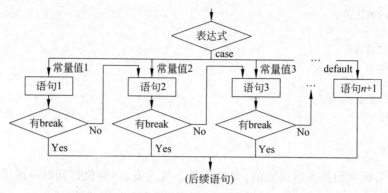

图 3.10　switch 语句流程

（1）在 case 后的常量表达式的值不能相同,否则会出现错误。

（2）在 case 后允许有多条语句,可以不用花括号({})括起来。

（3）多个 case 可共用一组执行语句,选择的语句执行完后必须用 break 跳出,否则还会执行下面 case 后的语句。

（4）各 case 和 default 子句的先后顺序可以变动,且不会影响程序的执行结果。default 子句可以省略不用。

（5）switch 可嵌套。

3.3.4　程序代码

学生学习成绩评定的程序代码如下:

```
#include <stdio.h>
#include <stdlib.h>
main()
{
    float total,ave,Chinese,math;
    char name[16];              //姓名用字符数组存储
    printf("\n 请输入学生姓名 ");
    scanf("%s",name);           //字符数组名 name 代表了数组的首地址
    printf("\n 请输入语文成绩 ");
    scanf("%f",&Chinese);
    printf("\n 请输入数学成绩 ");
    scanf("%f",&math);
    total=Chinese+math;
    ave=total/2;
    printf("\n\t\t 学生成绩单 \n");
    printf("%s 同学 \n",name);
    printf("===============================================\n");
    printf("语文:%.2f 数学:%.2f",Chinese,math);
    printf("总分:%.2f 平均分: %.2f\n",total,ave);
    printf("\n 等级:");
    /* 以下代码并未实现根据等级随机提出希望寄语的代码,这是为了体现程序的相对独立性。
        寄语参考代码将在 switch 处体现,以后可以通过函数来实现同样的效果 */
```

```
if (ave>=90)
    printf(" 优秀\n");              //此处应是实现优秀的随机寄语代码
else if (ave>=80)
    printf(" 良好\n");              //此处应是实现良好的随机寄语代码
else if (ave>=60 )
    printf(" 一般\n");              //此处应是实现一般的随机寄语代码
else
    printf(" 不及格\n");            //此处应是实现不及格的随机寄语代码
printf("\n============================================= \n");
}
```

3.3.5　程序说明

程序中 if-else-if 语句可用多分支选择的 switch 语句代替，代码如下：

```
grade=(int)(ave/10);
switch(grade)
{
    case 10:
    case 9: printf("优秀");         //此处应是实现优秀的随机寄语代码
        break;
    case 8: printf("良好");         //此处应是实现良好的随机寄语代码
        break;
    case 7:
    case 6: printf("一般");         //此处应是实现一般的随机寄语代码
        break;
    case 5:
    case 4:
    case 3:
    case 2:
    case 1:
    case 0: printf("不及格");       //此处应是实现不及格的随机寄语代码
        break;
    default: printf("\n 您输入的成绩无效\n");
}
```

语句 grade＝(int)(ave/10)是将实数 ave/10 运算结果强制转为 int，赋值给等级变量 grade，便于多分支选择。此处是使用 switch 语句的小技巧，如果使用 switch 语句时小的分支条件很多，可以采取一定的数学公式来减少条件分支。

break 语句可中断程序，跳出多分支，结束选择。没有 break 语句将会继续执行下面的 case 选择语句，如本例利用这一点完成"不及格"的打印。switch 语句中的分支除了最后一个分支，其他分支不会自动结束，一般都会使用 break 语句来结束分支，否则程序会继续往下一个分支执行。

3.3.6　补充代码

将随机打印寄语的 switch 语句嵌入成绩等级打印语句后，由计算机随机产生值为 1～4 的常量，并用 switch 语句选择 1～4 对应的鼓励寄语。如对于"优秀"等级，嵌入"优秀"等级对应的 switch 语句的打印语句内。

```
srand(time(0));
rd=rand()%4+1;              //产生 1~4 的随机数字
switch (rd)
{
    case 1:
        printf("成绩优秀,继续努力,更上一层楼!\n ");
        break;
    case 2:
        printf("名列前茅,全面发展!\n ");
        break;
    case 3:
        printf("成绩拔尖,奋勇争先!\n ");
        break;
    case 4:
        printf("成绩优异,表现突出!\n ");
        break;
}
```

以上只给出成绩优秀随机寄语代码,其他成绩的随机寄语代码可由读者自行添加。

【课堂思考】

(1) 如何产生一个 10~20 的随机整数?

(2) 如何产生一个 0~20 的随机偶整数?

任务 3.4　猜牌游戏拓展——猜牌分支思考

任务描述

9 张牌分成三行三列,玩家选定一张牌,通过最多三次确认所选牌在第几行,最终确定所选牌是哪一张牌。

任务分析

可以先观察猜牌游戏进行过程图(见图 1.21)。方框中的内容是每次告诉计算机选中牌所在行的三张牌,而圆圈中则是第二次和第三次告诉计算机选择行数后可能的牌。等到第三次选择后,最终确定的牌就是开始选中的那张牌——红桃 Q。

不难发现,游戏的思路就是开始只会改变第一列三张牌所在的位置。如果开始选择的牌正好是在第一列,那么经过一次移牌计算机就能猜出了;如果选的牌不在第一列,那么第一次选择后就可以排除第一列的三张牌,进而确定选择的牌只可能是红圈中的红心 5 或者红心 Q 之中的一张牌。

第二次移牌只需要移动第二列的三张牌,其实也就是将红心 5 或者红心 Q 分到两个不同的行中,这时再给出牌所在的行数,计算机就可以确定读者心中所想的牌了。

【课堂思考】

（1）如何根据选择的行数进行移牌？

（2）如何结合移牌次数判断猜牌？

（3）每次输入所在牌行数的分支使用什么语句实现？

归纳与总结

知识点

（1）if 语句后面的括号中为条件表达式,其结果只有真和假两种情况。

（2）if 分支是条件表达式为真的时候要执行的语句。

（3）else 分支是条件表达式为假的时候要执行的语句。

（4）if 语句可以没有 else 分支。

（5）if 语句中的每个分支最好有明确的目的,可以使用花括号({})将语句括起来,即使分支中的语句只有一条,也建议使用花括号({})。

（6）if-else-if 语句实现多条件分支。

（7）switch 语句实现多条件分支。

（8）break 语句可跳出分支。

能力点

（1）理解算法的概念,学会用机器的思维解决问题。

（2）会用 if 语句三种不同的表达形式。

（3）理解分支的概念,学会使用条件建立分支。

（4）分支的划分要具备逻辑上的相对独立性。

（5）运算符的优先级。

（6）switch 语句中的条件生成方法。

（7）随机函数的生成及使用。

拓 展 阅 读

2014 年 5 月 4 日,习近平总书记在北京大学师生座谈会上做了如下讲话:我为什么要对青年讲社会主义核心价值观这个问题? 是因为青年的价值取向决定了未来整个社会的价值取向,而青年又处在价值观形成和确立的时期,抓好这一时期的价值观养成十分重要。这就像穿衣服扣扣子一样,如果第一粒扣子扣错了,剩余的扣子都会扣错。人生的扣子从一开始就要扣好。"凿井者,起于三寸之坎,以就万仞之深。"青年要从现在做起,从自己做起,使社会主义核心价值观成为自己的基本遵循,并身体力行大力将其推广到全社会去。

确实,人的一生中充满了各种选择。从日常生活中的小事,比如选择早餐吃什么,到更为重大的决定,如选择职业、伴侣和生活方式,我们都在不断地做出选择。这些选择塑造了我们的身份、价值观和生活轨迹。

选择的重要性在于它们对我们的人生轨迹产生深远影响。一个好的选择可能会为我们带来成功和满足,而一个错误的选择可能会导致遗憾和挫折。因此,我们需要认真考虑每一个选择,并尽力做出最明智的决策。

然而,人生中的选择并不总是简单的。有时候,我们需要在不确定性和风险之间做出权衡。在这种情况下,我们可以寻求他人的建议,进行研究和思考,以帮助我们做出更好的选择。

最重要的是,我们要意识到自己的选择权。我们有权力决定自己的生活方向,而不是被外界的压力或期望所左右。通过积极做出选择,我们可以更好地掌控自己的人生,实现自己的目标和梦想。

习 题 3

一、填空题

1. 若变量 x、y、z 都是 int 型,现有语句"scanf("%d,%d,%d", &x, &y, &z);",为了使"x=12,y=345,z=187",应该输入_____。

2. 有语句"int a=3,b=4,c=5;",则表达式"!(a+b)+c-1&&b+c/2"的值为_____。

3. 设 y 为 int 型变量,则描述"y 为奇数"的表达式是_____。

4. 条件"2<x<3 或 x<-10"的 C 语言表达式是_____。

5. 设 x、y、z 均为 int 型变量,则描述"x 或 y 中有一个小于 z"的表达式是_____。

6. 设 x、y、z 均为 int 型变量,则描述"x、y 和 z 中有两个为负数"的表达式是_____。

二、选择题

1. 判断 char 型变量 ch 是否为大写字母的正确表达式是(   )。
   A. 'A'<=ch<='Z'
   B. (ch>='A')&&(ch<='Z')
   C. (ch>='A')&(ch<='Z')
   D. ('A'<=ch)‖('Z'>=ch)

2. 若希望当 A 的值为奇数时,表达式的值为"真";A 的值为偶数时,表达式的值为"假"。则以下不能满足要求的表达式是(   )。
   A. A%2==1   B. !(A%2==0)   C. !(A%2)   D. A%2

3. 能正确表示"当 x 的取值在[1,10]和[20,50]范围内为真,否则为假"的表达式是(   )。
   A. (x>=1)&&(x<=10)&&(x>=20)&&(x<=50)
   B. (x>=1)‖(x<=10)‖(x>=20)‖(x<=50)
   C. (x>=1)&&(x<=10)‖(x>=20)&&(x<=50)
   D. (x>=1)‖(x<=10)&&(x>=20)‖(x<=50)

4.为了避免在嵌套的条件语句 if-else 中产生二义性，C 语言规定，else 子句是与（　　）配对。

　　A. 缩排位置相同的 if　　　　　　B. 其之前最近的 if

　　C. 其之后最近的 if　　　　　　　D. 同一行上的 if

5.若有程序段如下：

```
a=b=c=0;x=35;
if (!a)
    x--;
else if (b);
if (c)
    x=3;
else
    x=4;
```

执行后，变量 x 的值是（　　）。

A. 34　　　　　　B. 3　　　　　　C. 35　　　　　　D. 4

6.有 switch 语句如下：

```
switch (k)
{
    case 1: s1;break;
    case 2: s2;break;
    case 3: s3;break;
    default: s4;
}
```

与它的功能相同的程序段是（　　）。

A. if(k=1) s1;
　　if(k=2) s2;
　　if(k=3) s3;
　　else s4;

B. if(k==1) s1;
　　if(k==2) s2;
　　if(k==3) s3;
　　else s4;

C. if(k==1) s1;break;
　　if(k==2) s2;break;
　　if(k==3) s3;break;
　　else s4;

D. if(k==1) s1;
　　if(k==2) s2;
　　if(k==3) s3;
　　if(!((k==1)||(k==2)||(k==3))) s4;

7.若有如下程序，执行后，打印结果是（　　）。

```
main()
{
    int a,b,c;
    a=1;b=2;c=3;
    if(a>b)
        if(b<0)
            c=0;
        else
            c+=1;
    printf("%d\n",c);
```

```
}
```

    A. 3   B. 4   C. 2   D. 1

三、编程题

1. 模仿项目示例,用逻辑表达式来表示闰年的条件。闰年的条件是符合下面条件之一。

(1) 能被 4 整除,但不能被 100 整除。

(2) 能被 400 整除。

编程实现任意输入一个年份,判断是否是闰年。

2. 编写一个程序,输入 3 个整数,将它们按从小到大的顺序输出。

3. 利用 switch 语句编写一个程序,用户从键盘输入一个数字。如果数字为 1～5,则打印信息:"你输入的数字比 6 小!";如果数字为 6～9,则打印信息:"你输入的数字比 5 大";如果输入其他信息,则打印信息:"请输入 1～9 的整数!"。

4. 编写一个程序,从键盘输入你的身高 h 和体重 w,根据给定公式计算体指数 t,然后判断你的体重属于何种类型。

按"体指数"(t)对肥胖程度进行划分:

$$t = w/h^2$$

注:体重 w 单位为 kg,身高 h 单位为 m。

当 $t < 18$ 时,打印"低体重";

当 $18 \leqslant t < 25$ 时,打印"正常体重";

当 $25 \leqslant t < 27$ 时,打印"超重体重";

当 $t \geqslant 27$ 时,打印"肥胖"。

5. 编写一个程序,在菜单中选择一个运算类型,并进行相应的运算。如选择了加法,则进行求和运算。

6. 编写一个程序,它从键盘接收一个算术运算符和两个整数。根据运算符的不同,求出相应的算术运算结果,并打印输出。

7. 编写一个游戏程序,用 0、1、2 表示石头、剪刀、布。两人从键盘输入代表石头、剪刀、布的字符,程序输出游戏胜负结果(输赢关系:石头>剪刀>布>石头)。

循环结构程序设计

人们已经习惯利用计算机的强大计算能力来解决日常生活中的各种问题。在本模块中将介绍结构化程序设计中的循环结构,通过此部分的学习,掌握使用循环语句来设计有规律性重复计算的程序。

工作任务

- 打印抽奖号码——while 循环。
- 模拟抽奖——do-while 循环。
- 韩信点兵——for 循环。
- 打印吉祥图案——循环嵌套。
- VC++ 6.0 程序的跟踪调试入门。
- 猜牌游戏拓展——显示所选的牌。

技能目标

- 掌握程序设计的基本方法。
- 会用 while 循环编写程序。
- 会用 do-while 循环编写程序。
- 会用 for 循环编写程序。
- 会用 break 语句、continue 语句终止循环。
- 会用嵌套的循环结构解决问题。
- 掌握 VC++ 6.0 程序调试的基本方法和技巧。

任务 4.1　打印抽奖号码——while 循环

任务描述

小福彩公司推出一种抽奖游戏,提供号码 1~35 给顾客购买,现在要求按升序打印所有抽奖号码。

任务分析

程序设计思路:本着"解决问题第一"的思想,可以利用前面学过的输出语句,直接写出 35 条 printf()语句即可。或者也可以写一条，每个数后边加一个"\n"换行符。但这不是计算机解决问题的方式。试问：如果小福彩公司改变抽奖规则，提供号码 1～100 给顾客购买呢？如果是 1～1000 呢？如果采用顺序结构程序，直接用多条打印语句来实现，可能真的要把程序员给累死。能不能设定一个范围，根据设定的条件进行判断，以决定计算机中的某一个分支程序段重复执行多次？这就是循环程序设计的思想和方法。

4.1.1　while 循环语句

while 语句用来实现"当型"循环结构，其语法格式如下：

```
while(条件)
{循环体;}
```

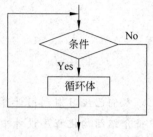

图 4.1　while 语句的流程

当条件为真时（非 0 值），执行 while 语句中的内嵌语句，流程如图 4.1 所示。其特点是先判断表达式，后执行语句。

4.1.2　死循环

在编程中，一个无法靠自身的控制终止的循环称为"死循环"。

例如，在 C 语言程序中，语句

```
while(1)
    printf("*");
```

就是一个死循环，运行它将无休止地打印 * 号。

不存在一种算法，对任何一个程序及相应的输入数据，都可以判断是否会出现死循环。因此，任何编译系统都不作死循环检查。

在设计程序时，若遇到死循环，可以通过按 Ctrl＋Pause/Break 组合键的方法结束死循环。

然而，在编程中死循环并不是一个需要避免的问题；相反，在实际应用中经常需要用到死循环。例如，Windows 操作系统中，窗口程序中的窗口都是通过一个叫消息循环的死循环实现的。在单片机、嵌入式编程中也经常要用到死循环。在各类编程语言中，死循环都有多种实现的方法，以 C 语言为例，可分别使用 while、for、goto 语句实现。

以下这些语句在 C 语言中都会产生死循环。

```
(1) while(1);
(2) for(;;);
(3) goto
    Loop:
    ...
    goto Loop;
```

一般在学习编程时，要尽量避免死循环的出现，死循环会使程序一直运行，无法终止。

4.1.3 程序设计流程图

程序设计流程图如图 4.2 所示。i 为循环控制变量,用来计算循环体执行的次数,每循环一次,变量值加 1;再比较次数,当循环次数达到要求时,就退出循环。

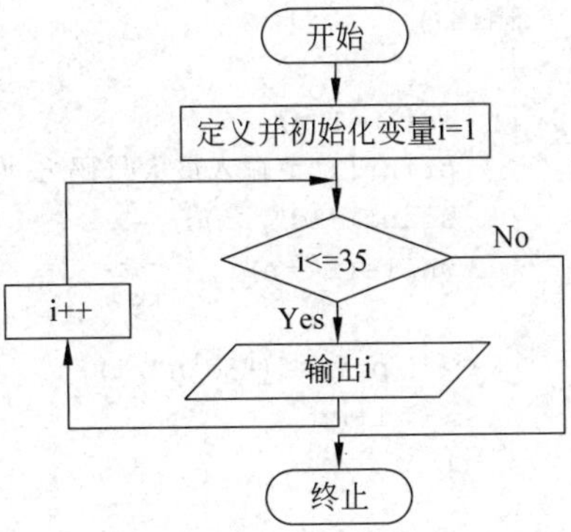

4.1.4 程序代码

打印抽奖号码的程序代码如下:

```c
#include <stdio.h>
main()
{
    int i=1;
    while(i<=35)
    //括号中为循环的条件,满足条件执行循环体内的语句,不满足则结束循环
    {
        printf("%d\n",i);
        i++;      //改变循环条件中变量的值,如果一直不改变,循环将一直执行下去
    }
}
```

图 4.2 循环打印输出的流程

4.1.5 程序说明

程序的功能是打印号码 1～35,每个号码占一行。先初始化 i=1,前面已经讲过,它是一条赋值语句,含义是用 1 覆盖 i 原来的值。循环条件是"i<=35",当循环条件满足时,始终进行循环。调整方法是"i++",它的含义和"i=i+1"相同——给 i 增加 1。循环体是语句"printf("%d\n",i);",它就是计算机反复执行的内容。注意循环变量的妙用:尽管每次执行的语句相同,但是由于 i 的值不断变化,该语句的输出结果也是不断变化的。

【课堂思考】

(1) 对本任务,如果将循环条件改为 i<35,会出现什么问题?

(2) 有人不小心将循环体改为

```c
i++;
printf("%d\n",i);
```

输出会是怎样的? 如果不修改循环体,将如何修改使得程序依次输出号码 1～35?

4.1.6 应用拓展

如果小福彩公司改变抽奖规则,提供号码 1～n 给顾客购买,n 是每期规定的最大号码,如何实现打印 1～n 号码的程序?

参考程序代码如下：

```c
#include <stdio.h>
main()
{
    int i=1,n;
    printf("请输入最大号码 n:");
    scanf("%d",&n);
    while(i<=n)
    {
        printf("%d\n",i);
        i++;
    }
}
```

任务 4.2 模拟抽奖——do-while 循环

任务描述

小福彩公司推出的抽奖游戏,每位顾客均有三次连续抽奖的机会。抽奖规则如下:可购买 1～35 中的任意一个号码,如果购买的号码与系统产生的随机号码(产生 1～35)匹配,表示该顾客中奖。

任务分析

程序设计思路:本任务主要解决以下两个问题。

(1) 如何产生随机数。在模块 3 已经讲过随机函数,产生随机数要使用 srand()和 rand()这两个函数。其使用方法参考模块 3 有关随机函数的内容。

(2) 如何控制顾客三次抽奖。通过结合前边的内容,可以先实现"顾客一次抽奖"。约定随机产生数(sNumber)和顾客购买号码(guess)为整型(int),其流程如图 4.3 所示。

使用 while 语句可以控制顾客三次抽奖,其整个流程如图 4.4 和图 4.5 所示。

从图 4.4 和图 4.5 可以知道,程序设计想先让顾客抽奖,再判断顾客是第几次抽奖,这样顾客三次抽奖的流程如图 4.4 所示;如果是先判断顾客是第几次抽奖,再决定是否让顾客进行抽奖的流程如图 4.5 所示。

要实现最新的设计思想,要引入一个新的语句——do-while 循环。

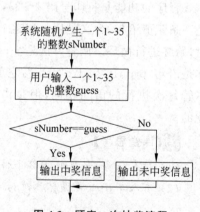

图 4.3 顾客一次抽奖流程

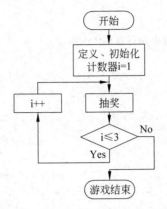

图 4.4 先执行循环后判断的流程

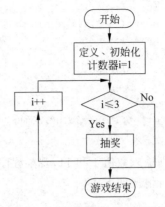

图 4.5 先判断后执行循环的流程

4.2.1 do-while 循环语句

do-while 语句用来实现"直到型"循环结构,其特点是先执行循环体,然后判断循环体条件是否成立。一般形式如下:

```
do
{
    循环体语句
}while(表达式);
```

✿**注意**:别忘记最后的分号。

do-while 语句是这样执行的:先执行一次指定的循环体语句,然后判别表达式为真或假,当表达式的值为真(非 0)时,返回重新执行循环体语句,如此反复,直到表达式的值为假(等于 0)为止,此时循环结束。其流程如图 4.6 所示。

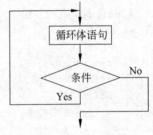

图 4.6 do-while 的流程

4.2.2 while 和 do-while 的区别

通过任务 4.2 可以看到,对于同一个问题可以用 while 语句处理,也可以用 do-while 语句处理。即 while 结构可以换成 do-while 结构,图 4.1 可以换成图 4.6,当图 4.1 中的条件为真时,两者完全等价。

在一般情况下,用 while 语句和用 do-while 语句处理同一问题时,若二者的循环体部分是一样的,它们的结果也一样;但是如果 while 后面的表达式一开始就为假(0 值)时,两种循环的结果是不同的。

while 和 do-while 循环的比较如下。

1. while 语句

```
#include <stdio.h>
main()
{
```

```
    int sum=0,i;
    scanf("%d",&i);
    while(i<=10)              //先判断条件,条件成立再执行循环体内语句
    {
        sum=sum+i;
        i++;
    }
    printf("sum=%d\n",sum);
}
```

分别输入数值 1 和 11,观察程序的运行情况。

运行情况如下:

```
1↙
sum=55
```

再运行一次:

```
11↙
sum=0
```

2. do-while 语句

```
#include <stdio.h>
main()
{
    int sum=0,i;
    scanf("%d",&i);
    do{
        sum=sum+i;
        i++;
    }while(i<=10);        //先执行 do 语句中的循环体,然后再判断是否进行下一次的循环
    printf("sum=%d\n",sum);
}
```

再次输入 1 和 11,观察程序的运行情况。

运行情况如下:

```
1↙
sum=55
```

再运行一次:

```
11↙
sum=11
```

可以看到,当 i≤10 时,两者得到的结果相同;当 i>10 时,两者得到的结果不同。这是因为此时对 while 来说,循环体一次也不执行(表达式"i<=10"为假),而对 do-while 循环语句来说则要执行一次循环体。可以得到结论:当 while 后面的表达式的第一次的值为"真"时,两种循环体得到的结果相同;否则,两种循环体得到的结果不相同。

4.2.3　程序代码

模拟抽奖的程序代码如下：

```c
#include <stdio.h>
#include <stdlib.h>
#include <time.h>
main(){
    //变量定义和初始化
    int sNumber=0,guess=0;
    //抽奖游戏开始信息
    printf("小福彩公司欢迎您,您有三次抽奖机会。\n");
    //系统随机产生一个1~35的整数
    srand((unsigned)time(NULL));
    sNumber=rand()%35+1;

    /******重复抽奖三次*******/
    //循环变量i的定义和初始化
    int i=1;
    do{
        /******一次抽奖开始*******/
        //提示用户输入一个1~35的整数
        printf("\n请输入一个1~35的号码:");
        //根据用户输入的号码与系统产生的号码的匹配情况提示是否中奖的信息
        scanf("%d",&guess);
        if(guess==sNumber){
            printf("太棒了,您中奖了!\n");
        }else{
            printf("不好意思,这次您未中奖!\n");
        }
        /******一次抽奖结束*******/
        //改变循环变量值的语句
        i++;
    }while(i<=3);
    /********重复抽奖三次结束*******/

    //抽奖游戏结束信息
    printf("\n谢谢使用!");
}
```

4.2.4　程序说明

从4.2.3小节的代码可以看出,do-while语句是先执行后判断,所以do-while语句中的循环体至少可以执行一次。while语句是先判断后执行,如果循环条件不满足,那么while中的循环体一次也不会执行。

2【课堂思考】

(1) 循环前的准备:确定循环变量、循环初值、循环结束条件(终值)。这些内容看起来没什么,其实是很重要的关键点。循环变量选择得合适,可以使程序结构简洁,易于设计;循环初值和终值的确定不能有丝毫大意,否则循环的结果可能会"差之毫厘,谬之千里"。

(2) 如何设计循环体内要执行什么语句? 这是利用计算机高速计算能力解决问题的关键部分。

(3) 循环后的处理:根据实际需要设计语句来完成整个的程序。

4.2.5　应用拓展

对于本应用,还可以使用 while 语句判断顾客是第几次抽奖,再决定是否让顾客进行抽奖,其流程如图 4.5 所示。使用 while 语句实现的程序如下:

```c
#include <stdio.h>
#include <stdlib.h>
#include <time.h>
main()
{
    //变量定义和初始化
    int sNumber=0,guess=0,i=1;
    //抽奖游戏开始信息
    printf("小福彩公司欢迎您,您有三次抽奖机会。\n");

    /******重复抽奖三次*******/
    while (i<=3)
    {
        //系统随机产生一个 1~35 的整数
        srand((unsigned)time(NULL));
        sNumber=rand()%35+1;
        //提示用户输入一个 1~35 的整数
        printf("\n请输入一个 1~35 的号码:");
        //根据用户输入的号码与系统产生的号码的匹配情况,提示是否中奖的信息
        scanf("%d",&guess);
        if(guess==sNumber)
            printf("太棒了,您中奖了!\n");
        else
            printf("不好意思,这次您未中奖!\n");
        i++;
    }
    /********重复抽奖三次结束*******/
    //抽奖游戏结束信息
    printf("\n谢谢使用!");
}
```

任务 4.3　韩信点兵——for 循环

任务描述

相传汉高祖刘邦问大将军韩信统御兵士有多少,韩信答,不足 1000 人,每 3 人一列余 1 人、每 5 人一列余 2 人、每 7 人一列余 4 人、每 13 人一列余 6 人。刘邦茫然而不知其数。读者能算出具体有多少个士兵吗?

任务分析

程序设计思路:这样的问题如果真的是让刘邦去计算,估计他还真的一时半会算不出来。考虑使用方程式或公倍数也会算得很累。但是,如果让计算机来帮助解决这个问题,人们只需告诉计算机怎么做即可。

由于计算机具有强大的计算能力,人们不必设计出一个很完美的解决问题的方法交给计算机,其实只需要给计算机一个可以完成任务的方法即可。计算机经常采用的一种方法就是穷举法。这种方法是利用计算机强大的计算能力,穷举所有可能的情况,当满足条件时就解决了问题。

考虑本任务暗示的两个条件。

条件一,总人数只可能是 1~1000 中除了 1000 的任意一个整数。

条件二,总人数必须满足(总人数%5==2)&&(总人数%7==4)&&(总人数%13==6)这个条件。

因此,可以设计出下面的算法。

根据条件一可知,本任务的数据规模在 1000 以内,可以通过穷举从 1 开始逐个判断。如果有符合条件的总人数,就输出总人数,然后跳出。

通过穷举法思想,画出本任务流程如图 4.7 所示。

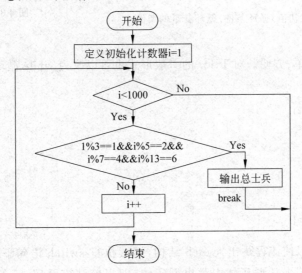

图 4.7　"韩信点兵"任务流程

对于本任务,当有一个条件满足之后,如何跳出循环呢? 在介绍 switch 语句时也介绍过 break 语句,break 语句可以使流程跳出 switch 结构,这里也使用 break 语句跳出循环结构。

4.3.1　穷举法

穷举法就是把可能的情况让计算机一一列举,判断条件是否满足,找出相应的答案。这种方法在计算机中广泛运用,因为计算机计算速度快,可以很快验证答案是否正确。

4.3.2　for 循环语句

C 语言中的 for 语句使用最为灵活,不仅可以用于循环次数已经确定的情况,而且可以用于循环次数不确定而只给出循环结束条件的情况,它可以完美替换 while 语句。

for 语句的一般形式如下:

```
for(表达式 1;表达式 2;表达式 3)
    语句
```

它的执行过程如下。

(1) 先求解表达式 1,一般表达式 1 的作用是初始化。

(2) 求解表达式 2,若其值为真(非 0),则执行 for 语句中指定的内嵌语句,然后执行下面第(3)步。若为假(值为 0),则跳出循环,转到第(5)步。

(3) 求解表达式 3。

(4) 转回到第(2)步,继续执行。

(5) 循环结束,执行 for 语句后继语句。

for 循环语句的流程如图 4.8 所示。

for 语句最简单的应用形式就是最易理解的形式,如下所示。

```
for(循环变量赋初值;循环条件;循环变量的增值)
    语句
```

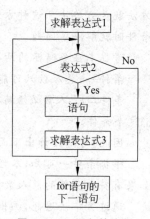

图 4.8　for 语句的流程

用 for 语句简单、方便。对于 for 的一般形式也可以改为 while 循环的形式。

```
表达式 1;
while (表达式 2)
{
    语句
    表达式 3;
}
```

4.3.3　break 语句

break 语句可以使流程跳出 switch 结构,继续执行 switch 语句下面的语句。同时,break 语句也可以用来从循环体内跳出循环体,即提前结束循环,接着执行循环下面的语句。

break 语句的一般形式如下：

```
break;
```

✿**注意**：break 语句不能用于循环语句和 switch 语句之外的任何其他语句中。

4.3.4 continue 语句

continue 语句的一般形式如下：

```
continue;
```

其作用为结束本次循环，即跳出循环体中下面尚未执行的语句，接着进行下一次是否执行循环的判定。

4.3.5 break 语句与 continue 语句的区别

break 语句是结束整个循环过程，不再判断执行循环的条件是否成立；continue 语句则只是结束本次循环，而不是终止整个循环体的执行。

常见的两个循环结构及它们的程序跳转示意，如图 4.9 和图 4.10 所示。

图 4.9 **break** 语句   图 4.10 **continue** 语句

4.3.6 goto 语句

goto 语句是无条件转向语句，它的格式如下：

```
goto 语句标号;
```

其中，goto 是关键字，语句标号是一种标识符，按标识符的规则来写出语句标号。语句标号是用来标识一条语句的，这种标识是专门给 goto 转向语句使用的，即指明 goto 语句所要转到的语句。语句标号出现在语句的前面，用冒号(:)与语句分隔。其格式如下：

```
<语句标号>:<语句>
```

在 C 语言程序中最好不用 goto 语句，因为它会破坏程序的结构，影响程序的可读性。goto 语句最常见的用法，一是用来与 if 语句构成循环结构，二是用来从多重循环最内层依次退到最外层。在使用 goto 语句时，要注意在转向时越过循环语句的循环头和分程序的说明语句部分时，可能会出现错误，需小心谨慎。

下面通过程序实例说明 goto 语句的应用。

使用 goto 语句与 if 语句构成循环,计算 1～100 的自然数之和。

参考程序代码如下:

```
# include <stdio.h>
main()
{
    int i=1,sum=0;
    loop:sum+=i;                    //要跳转的语句标号 loop
        i++;
        if(i<=100) goto loop;       //满足 if 语句则无条件跳转到 loop 标号的语句
    printf ("%d\n",sum);
}
```

执行该程序的输出结果如下:

```
5050
```

4.3.7　程序代码

实现"韩信点兵"的程序代码如下:

```
# include <stdio.h>
main ()
{
    int i;
    for(i=1;i<1000;i++)                      //循环
    {
        if(i%3==1&&i%5==2&&i%7==4&&i%13==6)  //判断是否满足条件
        {
            printf("%d\n",i);
            break;
        }
    }
}
```

4.3.8　程序说明

(1) for 语句控制士兵总人数,穷举 1～1000 的整数。

(2) if 语句判断士兵人数是否满足"每 3 人一列余 1 人、每 5 人一列余 2 人、每 7 人一列余 4 人、每 13 人一列余 6 人"的条件。当满足该条件,if 语句的表达式为真,程序将执行 if 语句里边的语句。

(3) break 语句用来从循环体内跳出循环体,提前结束循环,接着执行循环下面的语句。

【课堂思考】

(1) 对于韩信点兵这个小程序,是否可以将 break 语句换成 continue 语句?

(2) 如果把"韩信点兵"程序中将 break 语句换成 continue 语句,结果将输出什么?

4.3.9 应用拓展

对本任务,假如汉高祖刘邦要韩信的士兵按每 7 人一排,挑出每排排尾的士兵当队长。假设韩信的士兵一共有 487 名,每名士兵都有特定的编号,按排队从 1～487 编号,读者能设计出程序很快算出第几个士兵是队长吗? 并依次输出他们的编号。

参考程序代码如下:

```c
#include <stdio.h>
main()
{
    int n;
    for(n=1;n<487;n++)
    {
        if(n%7!=0) continue;      //判断如果不是每排最后一名士兵,结束本次循环
        printf("%d ",n);
    }
    printf("%d\n",n);             //最后一排士兵,不足 7 名,最后一个士兵当队长
}
```

任务 4.4　打印吉祥图案——循环嵌套

任务描述

小福彩公司准备设计出自己的吉祥图案,如图 4.11 所示。该吉祥图案为菱形,现在想通过 C 语言打印该图案,如何实现呢?

任务分析

打印函数 printf() 之前已经介绍过,而且一直都在使用。但是,如何打印出设计的图案呢? 当然,可以一条一条地使用 printf() 语句来进行打印,但是这样效率不高,而且如果图案有所改动,修改起来会非常麻烦。通过仔细观察和思考,发现可以利用数学知识和循环结构打印需要的图案。

4.4.1 循环嵌套

一个循环体内又包含另一个完整的循环结构称为循环的嵌套(见图 4.12)。内嵌的

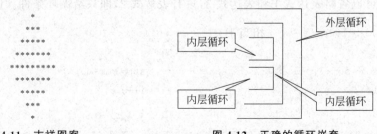

图 4.11　吉祥图案　　　　　　　图 4.12　正确的循环嵌套

循环中还可以嵌套循环,这就是多层循环。三种循环(while 循环、do-while 循环和 for 循环)可以互相嵌套。循环嵌套要注意以下几点。

(1) 内层和外层循环控制变量不应同名,以免造成混乱。

(2) 嵌套的循环最好采用缩进格式书写,以保证层次的清晰性。

(3) 循环嵌套不能交叉,即在一个循环体内必须完整地包含着另一个循环。

4.4.2　for 语句的一些特殊用法

(1) for 语句的一般形式中的"表达式 1"可以省略,此时应在 for 语句之前给循环变量赋初值。注意,省略表达式 1 时,其后的分号不能省略。例如:

```
int i=1,sum=0;
for(;i<=100;i++) sum=sum+i;
```

(2) 如果表达式 2 省略,即不判断循环条件,循环会无休止地进行下去,也就是程序认为表达式 2 永远为真,如图 4.13 所示。例如:

```
for(i=1;;i++) sum=sum+i;
```

表达式 2 空缺,它相当于:

```
i=1;
while(1)
{
    sum+=sum+i;
    i++;
}
```

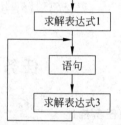

图 4.13　for 语句死循环

(3) 表达式 3 也可以省略,但此时程序设计者应另外设法保证循环能正常结束。例如:

```
for(i=1;i<=100;)
{
    sum=sum+i;
    i++;
}
```

在上面 for 语句中没有表达式 3,其实,表达式 3 放在循环体内的效果是一样的,都能使程序正常结束。

(4) 可以省略表达式 1 和表达式 3,只有表达式 2,即只给循环条件。例如:

```
for(;i<=100;)              相当于         while(i<=100)
{                                         {
    sum=sum+i;                                sum=sum+i;
    i++;                                      i++;
}                                         }
```

这种情况下,for 语句完全等同于 while 语句。可见 for 语句比 while 语句功能更强,除了可以给出循环条件外,还可以赋初值,使循环变量自动增值。

（5）三个表达式都可以省略，例如：

for(;;) 语句　　　　相当于　　　　while(1) 语句

即不设初值，没有判断条件，循环变量也不增值，无休止地执行循环体。

（6）表达式1和表达式3可以设置为与循环变量无关的其他表达式。例如：

```
for(sum=0;i<=100;sum+=i) i++;
```

表达式1和表达式3可以包含一个以上的简单表达式，中间用逗号间隔。例如：

```
for(i=1,sum=0;i<=100;sum+=i,i++);
```

（7）表达式一般是关系表达式（如 $i<=100$）或逻辑表达式（如 a<b && x<y），但也可以是数值表达式或字符表达式，只要其值为非零，就执行循环体。

```
for(;(c=getchar())!='\n';)
printf("%c",c);
```

for 语句中只有表达式2，而无表达式1和表达式3。其作用是读入一个字符后，立即输出该字符，直到输入一个"换行"为止。

4.4.3　算法分析

前面介绍过，本任务最简单的方法是用 printf() 来一行行打印，但这样不能体现程序的魅力，可以利用循环语句来实现本任务。先来思考一个简单的问题，比如要打印：

```
*
**
***
****
*****
```

如何用 for 语句实现呢？可以用一个 for 循环语句来控制打印的行数，一个 for 语句来控制打印每行星号的个数，每行打完就换行。给出源程序参考代码如下：

```
#include <stdio.h>
main()
{
    int i,j;
    for(i=1;i<=5;i++)
    {
        for(j=1;j<=i;j++)
            printf(" * ");
        printf("\n");
    }
}
```

不难发现，一个 for 语句控制一行打印几个 * 号，另外一个 for 语句用来控制打印几行，这就是循环的嵌套。

虽然菱形比较复杂,但认真分析一下,就会发现规律:从第 1 行到第 5 行,星号的数目一直在增加,而到了第 6 行星号的数目开始减少。而且星号和两边的空格的减少都是有规律可循的。再进一步分析,打印每行星号前面的空格不难,打印后面的空格却比较麻烦,但可以通过打印前面的空格和控制好星号的数目来完成菱形的打印(忽略每行星号后的空格)。

完成这个任务可分两步:一是打印前 5 行,用两个 for 语句来控制星号和空格;二是打印后 4 行,同样是用两个 for 语句来控制星号和空格。一共是 6 个 for 语句。进一步理清思路,在前 5 行,i from 1 to 5 用来控制行;j from 4 to 0 用来控制空格,因为要先打印空格;k from 1 to 9 用来控制星号,变化规律是从 1 到 9。再来写后面的 4 行:i from 1 to 4,j from 1 to 4,k from 7 to 1。再求精前 5 行,分析变化规律如表 4.1 所示。

表 4.1　前 5 行的变化规律

i(行数)	j(空格)	k(星号个数)	i(行数)	j(空格)	k(星号个数)
1	4	1	4	1	7
2	3	3	5	0	9
3	2	5			

从上边的规律可以发现以下几点。①空格与行数的关系:$j=5-i$;②星号与行数的关系:$k=2\times i-1$。用同样的方法分析后 4 行,得到以下规律。①空格与行数的关系:$j=i$;②星号与行数的关系:$k=9-2\times i$。通过这些关系,就可以很容易地编写出程序。

4.4.4　程序代码

打印吉祥图案的程序代码如下:

```
#include <stdio.h>
main()
{
    int i,j,k;
    for(i=1;i<=5;i++)              //前 5 行
    {
        for(j=1;j<=5-i;j++)        //控制空格(j=5-i)
            printf(" ");
        for(k=1;k<=2*i-1;k++)      //输出星号(k=2×i-1)
            printf(" * ");
        printf("\n");
    }
    for(i=1;i<=4;i++)             //后 4 行
    {
        for(j=1;j<=i;j++)         //控制空格(j=i)
            printf(" ");
        for(k=1;k<=9-2*i;k++)     //输出星号(k=9-2×i)
            printf(" * ");
```

```
        printf("\n");
    }
}
```

4.4.5 程序说明

程序中用了两个循环嵌套。

语句 for(i=1;i≤5;i++)控制打印图案的前面 5 行,在它循环体里边又有两个 for 语句,第一个语句 for(j=1;j≤5−i;j++)是控制打印每行图案的空格数,第二个语句 for(k=1;k≤2*i−1;k++)是控制打印每行图案的星号。像这样循环体里边又包含循环语句的称为循环的嵌套。

控制打印图案后面 4 行的语句 for(i=1;i≤4;i++)分析同上。

【课堂思考】

(1) 内层循环和外层循环控制变量能相同吗?

(2) 能否用一个循环把整个菱形图案一次打印出来?

(3) 循环的嵌套有哪些地方需要注意?

(4) 试着实现九九乘法表,如图 4.14 所示。

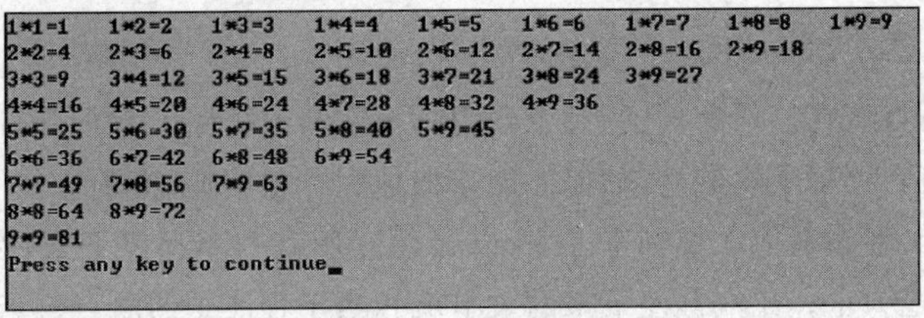

图 4.14 九九乘法表

参考程序代码如下:

```
#include <stdio.h>
main()
{
    int i,j;
    for(i=1;i<=9;i++)
    {
        for(j=i;j<=9;j++)
        {
            printf("%d * %d=%-2d ",i,j,i*j);
        }
        printf("\n");
    }
}
```

第一个循环语句 for(i=1;i≤9;i++)是控制乘法表的行,第二个循环语句 for(j=i;j≤9;j++)是控制输出乘法运算式。

任务 4.5　VC++ 6.0 程序的跟踪调试入门

任务描述

现在读者写的小程序可能只有几行或十几行,或许还能采用一行行语句检查的方式发现程序中的错误。但是,在日后的工作中,可能面临着成千上万行的程序,如何才能快速而有效地发现程序中的问题(bug)呢?

任务分析

日常生活中我们想知道一件事情的原委,通常采取的方法就是观察,从观察中发现问题。在这里,可以利用 VC++ 6.0 的跟踪调试环境,通过断点、单步执行等方法观察程序的执行情况,并发现程序中出现的 bug,进而解决 bug。

调试是一个程序员最基本的技能,跟踪调试可以快速发现程序设计的逻辑错误,其重要性甚至超过学习一门语言。不会调试的程序员就意味着他即使会一门语言,也不能编制出好的程序。

4.5.1　程序断点设置

首先介绍断点概念。举个例子,有个罪犯驾车在高速公路上行驶,假设不知道他所驾驶的车牌等任何有关车子的信息,如何才能逮捕他呢? 很明显,必须让他停下来才有可能将他逮捕,但是又不知道他在哪辆车上,所以必须让所有的车都停下来,然后一辆一辆地检查,直到找到他为止。让汽车停下来的关卡就相当于程序中的断点。当程序运行时,只能看到出错了,但是不知道错误到底出现在哪一行程序中,在感觉程序出错的位置(一般设置在出错之前的一条或几条语句之前,断点的设置由程序员根据对程序的判断而定)设置一个断点,然后让程序一步一步地运行直到找出错误的位置,这就是调试的目的和任务。

断点是调试器设置的一个代码位置。当程序运行到断点时,程序中断执行,回到调试器。断点是最常用的技巧,调试时,只有设置了断点并使程序回到调试器,才能对程序进行在线调试。

设置断点:先把光标移动到需要设置断点的代码行上,然后可选择下面任何一种方法。

(1) 按 F9 键。

(2) 弹出 Breakpoints 对话框,方法是按 Ctrl+B 组合键或 Alt+F9 组合键,或者通过执行菜单命令 Edit→Breakpoints 打开对话框,在打开的对话框中单击 Break at 编辑框的右侧箭头,选择合适的位置信息。一般情况下,直接选择 line ××× 即可,如果想设置不是当前位置的断点,可以选择 Advanced,然后填写函数、行号和可执行的文件信息。

去掉断点:把光标移动到给定断点所在的行,再次按 F9 键就可以取消断点。同前所述,打开 Breakpoints 对话框后,也可以按照界面提示去掉断点。

对某行代码成功设置断点后,在该行代码左侧有一个小红点,如图 4.15 所示。

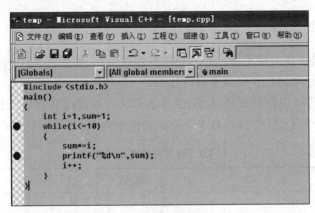

图 4.15 断点设置

4.5.2 观看值

断点的作用是让程序暂停下来,下一步就要检查程序是否有错(正如人们让车辆停下来,然后检查车辆是否有问题),而观察程序的方式就是利用 Watch 窗口来观察变量、表达式和内存的值。

VC++ 6.0 支持查看变量、表达式和内存的值。所有这些观察都必须是在断点中断的情况下进行。观看变量的值很简单,当断点到达时,把光标移动到这个变量上,停留一会儿就可以看到变量的值。

VC++ 6.0 提供了一种被称为 Watch 的机制来观察变量和表达式的值。在断点状态下,在变量上右击,在弹出的快捷菜单中选择 QuickWatch 命令,弹出一个如图 4.16 所示的对话框,显示这个变量的值。

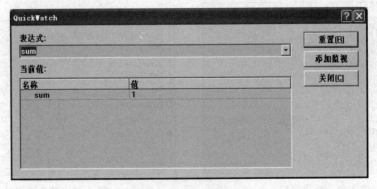

图 4.16 快速观察窗口

单击 Debug 工具条上的 Watch 按钮,就出现一个 Watch 视图(Watch1、Watch2、Watch3 和 Watch4),在该视图中输入变量或者表达式,就可以观察变量或者表达式的值。

注意：这个表达式不能改变原有变量的值,例如,++运算符绝对禁止用于这个表达式中,因为这个运算符将修改变量的值,导致软件的逻辑被破坏。

4.5.3 进程控制

现在读者已经掌握了设置断点和观察这两种方法,下面要让程序执行下去,让没有问题的程序通过,有问题的程序则需要修改代码。

VC++ 6.0 允许被中断的程序继续运行、单步运行和运行到指定光标处,可分别按快捷键 F5、F10、F11 和 Ctrl+F10。各个快捷键功能如表 4.2 所示。

表 4.2 调试快捷键说明表

快捷键	说 明	快捷键	说 明
F5	继续运行	F11	单步执行。如果涉及子函数则进入其内部
F10	单步执行。如果涉及子函数则不进入其内部	Ctrl+F10	运行到当前光标处

4.5.4 实例操作

题目：编写程序,输出"1!,2!,3!,…,10!"。

程序代码如图 4.17 所示。

1. 设置断点

将光标分别放到 while(i<=10)语句和 printf("%d\n",sum)语句,按 F9 键设置断点。成功设置断点后,如图 4.18 所示。

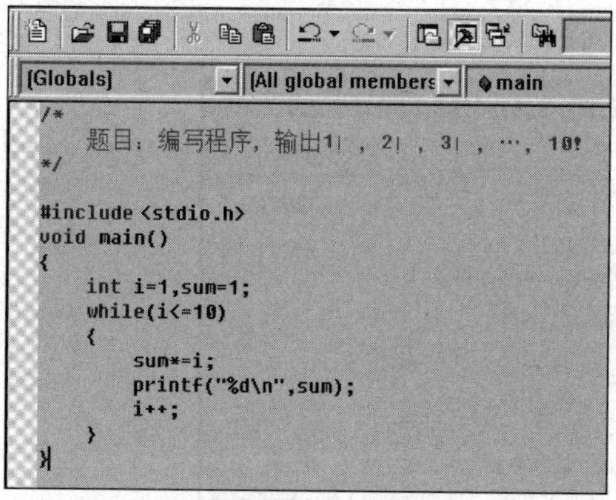

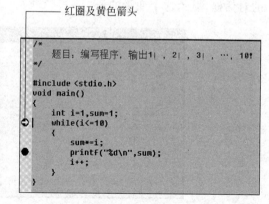

红圈及黄色箭头

图 4.17 程序代码

图 4.18 程序断点处

2. 开始运行

按 F5 键开始运行,进入断点状态,如图 4.18 所示。程序开始执行到第一个断点处,小红圈里边出现黄色箭头。

继续按 F5 键可继续运行,黄色箭头移到下一个断点。

3. 添加监视

对要进行监视的变量,在断点状态下,在变量上右击,在弹出的快捷菜单中选择 QuickWatch 选项,就会在弹出的对话框中显示这个变量的值,如图 4.19 所示。然后单击 "添加监视"按钮,可以对该变量的执行情况进行监视。

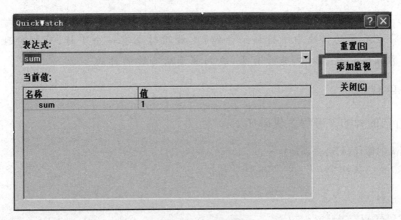

图 4.19 添加监视

Watch 视图中将增加对 sum 变量的监视,如图 4.20 所示。

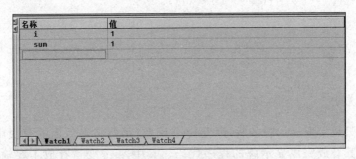

图 4.20 观察变量

4. 进程控制

通过前边介绍的进程控制,控制程序运行。每次注意观察"Watch 视图"中变量存储值的变化,直到程序运行结束。

【课堂思考】

(1) 当程序需要输入数据时,按 F5 键或 F11 键运行到该行代码时,弹出对话框,需要进行合法输入。输入结束后按 Enter 键,程序继续进入断点状态运行后继语句。

(2) 在"Watch 视图"中可直接在名称一栏中添加变量名对变量进行监视。

(3) 对于初学者,学会 VC++ 6.0 调试,可在今后编写程序时快速排错。

任务 4.6　猜牌游戏拓展——显示所选的牌

任务描述

屏幕上显示出来的牌是 3 行 3 列,如何将牌显示在屏幕上?

任务分析

可以考虑利用循环来实现一行显示 3 张牌的效果,将要显示的牌先放在一个数组对象中(数组将在后面的模块中进行详细介绍)。数组对象有一个下标,可暂时理解为数组的编号,利用循环让数组对象进行遍历,达到显示所有牌的目的。

4.6.1　程序代码

显示所选的牌的参考程序代码如下:

```
/* show 的源代码,会自动换行 */
void show(const Card * cards,int size)
{
    int i;
    for(i=0;i<size;i++)
    {
        printf("%c%c ",cards[i].kind,cards[i].val);
        if((i !=0) && (((i+1) %3)==0))
            puts("");
    }
    puts("");            /* 自动换行 */
}
```

4.6.2　程序说明

此段程序只是实现显示牌的程序,是一个函数(函数将在后面的模块中进行详细介绍),可暂时将其看成完成显示牌的程序代码。其中,size 变量存放了要输出牌的张数;cards 是要显示的牌。cards 由两部分组成,一部分是牌的数字(cards[i].val),另一部分是牌的花色(cards[i].kind)。其中,[i]表示的是第几张牌。正是利用变量 i 进行了一次循环,达到输出所有牌的目的。

要显示牌的时候只需要调用此段程序(函数)即可,例如:

```
show(carr1,3);      //显示 carr1 数组中存放的 3 张牌,也就是第一行要显示的 3 张牌
```

归纳与总结

知识点

(1) 循环语句的两个特征:循环条件和循环体。

（2）while 语句是先判断是否满足循环条件，再决定是否执行循环体内的语句。

（3）while 语句一般用于不确定循环次数的情况下。

（4）while 语句可以不执行循环体内的语句。

（5）do-while 语句至少会执行一次循环体内的语句。

（6）break 语句、continue 语句的使用方法。

（7）for 语句一般用于确定循环次数的场合。

（8）for 语句的使用方法。

☞能力点

（1）理解计算机执行有规律性重复操作的方式。

（2）理解利用循环来解决问题的方法。

（3）能够根据实际要求设计进行循环和结束循环的条件。

（4）掌握改变循环条件的方法。

（5）利用循环体内循环条件的变量。

（6）掌握跳出循环的方法。

（7）掌握循环的嵌套方法。

拓 展 阅 读

中国古代在数学相关领域取得了辉煌的成就。14 世纪以前，中国一直都是世界上数学最为发达的国家之一。张邱建，北魏清河（今邢台市清河县）人，所处年代约为公元 5 世纪，他从小聪明好学，酷爱算术，是著名的数学家。他将毕生的精力投入数学研究中，造诣很深，贡献之一是提出了在数学史上很著名的“不定方程”问题，此题载于《张邱建算经》下卷，是第三十八题。文曰：“今有鸡翁一值钱五，鸡母一值钱三，鸡雏三值钱一，凡百钱买鸡百只，问鸡翁、母、雏各几何？”

张邱建通过其著作《张邱建算经》对数学领域产生了深远的影响。他不仅提出了著名的“百鸡问题”，还涉及了等差级数、最小公倍数和最大公约数的计算，中国古代数学让我们了解到算法真是一个奇妙的东西！

习 题 4

一、填空题

1. while、do-while 和 for 循环结构至少执行一次循环的是＿＿＿＿＿＿＿。

2. 循环“for（x＝0；x！＝123；）scanf（"％d"，＆x）;”在输入 x 等于＿＿＿＿＿＿＿时被终止。

3. break 语句只能用于＿＿＿＿＿＿＿语句和＿＿＿＿＿＿＿语句。

4. 在循环控制中，break 语句用于结束＿＿＿＿＿＿＿，continue 语句用于结束＿＿＿＿＿＿＿。

5.设

```
int x=10;
```

则循环语句:

```
while (x>=1) x--;
```

执行后,x 的值是_____。

while 循环   for 循环

二、选择题

1.若有语句"int x,y;",执行程序段:

```
for(x=1,y=1;y<50;y++)
{
    if (x>=10)
        break;
    if(x%2==1)
    {
        x+=5;
        continue;
    }
    x-=3;
}
```

变量 x 的值最终为(   )。

A. 11   B. 12   C. 13   D. 10

2.若有

```
int x=3;
```

执行程序段:

```
do
{
    printf("%3d",x-=2);
}while(!(--x));
```

输出的结果是(   )。

A. 1   3   B. 1   −2   C. 1   −1   D. 1   −3

3.以下描述不正确的是(   )。

A. 使用 while 和 do-while 循环语句时,循环变量初始化的操作应在循环体语句之前完成

B. while 循环是先判断表达式,后执行循环语句

C. do-while 和 for 循环均是先执行循环语句,后判断表达式

D. for、while 和 do-while 循环中的循环体均可以由空语句构成

4.若 x 是 int 型变量,以下程序的输出结果是(   )。

```
for (x=3;x<6;x++)
```

```
printf ((x%2)?("**%d\n"):( "##%d\n"),x);
```

A. * * 3   B. # # 3   C. # # 3   D. * * 3

   # # 4   * * 4   * * 4   * * 5

   * * 5   # # 5   # # 5   # # 4

5. 下面程序的输出结果是(   )。

```
#include <stdio.h>
main()
{
    int i,j,m=0,n=0;
    for (i=0;i<2;i++)
      for (j=0;j<2;j++)
        if (j>=i)  m=1;n++;
        printf("%d\n",n);
}
```

A. 4   B. 2   C. 1   D. 0

6. 下面程序的功能是输出以下形式的金字塔图案。

```
          *
         ***
        *****
       *******
```

```
#include <stdio.h>
main()
{
    int i,j;
    for(i=1;i<=4;i++)
    {
        for(j=1;j<=4-i;j++) printf(" ");
        for(j=1;j<=_____;j++) printf(" * ");
        printf("\n ");
    }
}
```

在下划线处应填入的是(   )。

A. i   B. 2 * i-1   C. 2 * i+1   D. i+2

三、程序分析题

1. 写出以下程序的运行结果。

```
#include <stdio.h>
main()
{
    int x=1,total=0,y;
    while (x<=5)
    {
```

```
            y=x * x;
            total+=y;
            ++x;
        }
        printf("\nTotal is %d\n",total);
    }
```

2. 写出以下程序的运行结果。

```
#include <stdio.h>
main()
{
    int i,j,n=0,m=0;
    for (j=0;j<10;j++)
    {
        if ( (j%2) && (j%3) )
            m++;
        else
            n++;
    }
    printf("m=%d n=%d\n",m,n) ;
}
```

3. 写出以下程序的运行结果。

```
#include <stdio.h>
main( )
{
    int i,j;
    for(i=j=1;j<=50;j++)
    {
        if(i>=10) break;
        if(i%2)
        {
            i+=5;
            continue;
        }
        i-=3;
    }
    printf("j=%d\n",j);
}
```

4. 阅读下面的程序。

```
#include <stdio.h>
main()
{
    int x;
    scanf("%d",&x);
    if(x>=4)
        while(x--);
}
```

```c
    printf("%d\n",++x);
}
```

如果输入为 5,则其输出是_____?

5.写出以下程序的运行结果。

```c
#include <stdio.h>
main()
{
    int i;
    for (i=0;i<=5;i++)
    {
        i=i*2;
        printf("%d",i);
    }
}
```

四、编程题

1. 利用 while、do-while、for 循环语句分别编写程序,求 $1+2+3+\cdots+99+100$,并打印输出。

2. 求以下算式的近似值:

$$1+\frac{1}{2}+\frac{1}{3}+\frac{1}{4}+\cdots+\frac{1}{n}$$

要求至少累加到 $1/n$ 不大于 0.00984 为止。输出循环次数及累加和。

3. 根据 $\frac{\pi}{4}=1-\frac{1}{3}+\frac{1}{5}-\frac{1}{7}+\cdots$ 求 π 的近似值,直到最后一项的绝对值小于 0.000001 为止。

4. 求 $2!+4!+\cdots+10!$。

5. 有一分数序列:$2/1,3/2,5/3,8/5,13/8,21/13,\cdots$,求出这个数列的前 20 项之和。

6. 编写一个程序,求出所有各位数字的立方和等于 1099 的三位整数。例如,379 就是这样的一个满足条件的三位数。

7. 接收键盘输入的一个个字符,并加以输出,直到输入的字符是"♯"时终止。

8. 编写程序,输出 $1!,2!,3!,\cdots,10!$。

9. $3n+1$ 问题猜想:对于任意大于 1 的自然数 n,若 n 为奇数,则将 n 变为 $3n+1$,否则变为 n 的一半。经过若干次这样的变换,一定会使 n 变为 1。例如,$3\rightarrow10\rightarrow5\rightarrow16\rightarrow8\rightarrow4\rightarrow2\rightarrow1$。输入 n,输出变换的次数 $n\leq10^9$。

10. 如果有一个三位数,它的三个数位上的数的立方和与其本身相等,该数则称为"水仙花数",如 $153=1\times1\times1+5\times5\times5+3\times3\times3$,找出所有的水仙花数。

11. 有 30 个人,其中有男人、女人和小孩,在一家饭馆里吃饭共花了 50 元,每个男人各花 3 元,每个女人各花 2 元,每个小孩各花 1 元,问男人、女人和小孩各有几人?

12. 输入一个数 m,判断 m 是否为素数。

13. 求 1000 以内的全部素数,每行输出 10 个素数。

14. 有一对兔子,从出生后第 3 个月起每个月都生一对兔子。小兔子长到第 3 个月后每个月又生一对兔子。假设所有的兔子都不死,问每个月的兔子总数为多少? 对应的数列就是斐波那契(Fibonacci)数列。

斐波那契数列为:0,1,1,2,3,…,即

Fib(0)=0;

Fib(1)=1;

Fib(N)=Fib(N-1)+Fib(N-2)   (当 N>1 时)

求斐波那契数列前 40 个数。

15. 求 $s=a+aa+aaa+aaaa+aa\cdots a$ 的值,其中 a 是一个数字。例如,2+22+222+2222+22222(此时共有 5 个数相加),几个数相加由键盘控制。

16. 输入两个数,求它们的最大公约数和最小公倍数。

17. 打印楼梯外形,同时在楼梯上方打印两个笑脸。

数组的应用

数组是同类型数据的有序集合。相比前面介绍的基本类型(整型、字符型、实型)数据,数组是相对复杂的构造类型数据。

工作任务

- 一名参赛选手的评分程序——一维数组。
- 多名参赛选手的评分程序——二维数组。
- 参赛选手的成绩排名——冒泡排序和选择排序。
- 输入英文句子统计单词数——字符数组与字符串。
- 猜牌游戏拓展——数组的应用。

技能目标

- 掌握一维数组的定义及使用。
- 掌握二维数组的定义及使用。
- 掌握数组元素的查找和排序。
- 熟悉字符数组与字符串处理。

任务 5.1 一名参赛选手的评分程序——一维数组

任务描述

学校每年都会举办各种文艺、技能竞赛活动。请读者设计一个竞赛现场评分小程序,在某位选手表演结束且评委现场打分后,程序按计分规则统计评委打分,然后计算平均值,并打印输出选手的最终得分(假设有 6 个评委)。

任务分析

按照前面讲到的知识,可以使用若干简单变量来存储各评委打分。比如,使用 6 个 int 型变量 score1,score2,…,score6,分别存储 1 号,2 号,…,6 号评委的打分。

使用这种做法可能会出现两个问题。

(1) 用 score1+score2+score3+score4+score5+score6 表达式计算选手总分比较啰唆。

(2) 当评委人数较多,上述做法会很麻烦,甚至不可行。

为此,引入数组这种集合型变量。score 为数组名,score[i]为简单下标变量(表示 i+1 号评委打分)。通过如下代码:

```
int sum=0;
for(i=0;i<6;i++)
    sum+=score[i];
```

就可方便地解决前述问题。

那么什么是数组?

在程序设计中,为了处理方便,把具有相同类型的若干变量按有序的形式组织起来。这些按序排列的同类数据元素的集合称为数组。

5.1.1 一维数组的定义

在 C 语言中使用数组必须先进行定义。一维数组的定义方式如下:

类型说明符 数组名 [常量表达式];

其中,类型说明符是任一种基本数据类型或构造数据类型;数组名是用户定义的数组标识符;方括号中的常量表达式表示数据元素的个数,也称为数组的长度。例如:

int a[10];

说明整型数组 a 有 10 个元素。

float b[10],c[20];

说明实型数组 b 有 10 个元素,实型数组 c 有 20 个元素。

char ch[20];

说明字符数组 ch 有 20 个元素。

对于数组类型说明应注意以下几点。

(1) 数组的类型实际上是指数组元素的取值类型。对于同一个数组,其所有元素的数据类型都是相同的。

(2) 数组名的书写规则应符合标识符的书写规定。

(3) 数组名不能与其他变量名相同。

(4) 方括号中常量表达式表示数组元素的个数,如 a[5]表示数组 a 有 5 个元素。但是其下标从 0 开始计算,因此,5 个元素分别为 a[0]、a[1]、a[2]、a[3]、a[4]。

5.1.2 一维数组元素的引用

数组元素是组成数组的基本单元。数组元素也是一种变量,其标识方法为数组名后跟一个下标。下标表示了元素在数组中的顺序号。

数组元素的一般形式如下:

数组名[下标]

在本任务中,定义 int 型的 score 数组,通过下标值访问 score 数组里面的元素,score[2] 表示所访问 score 数组里面的第三个元素。

5.1.3 一维数组的存储结构

定义一个 int 型的 score 数组,该数组有 5 个元素,那么,这些元素在内存中是如何存储的呢?

```
int score[5];
```

score 数组的内存模型为

score[0]	score[1]	score[2]	score[3]	score[4]

很明显,一旦定义了一个数组,在程序中为每个数组指定了元素的类型和数量,这样编译器就可以预留适当的内存,而且这段内存是连续的和线性的,即 score[0] 这个元素的所在地址单元的下一个单元就是 score[1]。

为什么要强调数组内存分配时连续这个问题呢?因为到后面,介绍链表时,可以将链表的存储结构和数组的存储结构进行对比。

5.1.4 一维数组的初始化

给数组赋值的方法除了用赋值语句对数组元素逐个赋值外,还可采用初始化赋值和动态赋值的方法。

数组初始化赋值是指在数组定义时给数组元素赋予初值。数组初始化是在编译阶段进行的。这样将减少运行时间,提高效率。

初始化赋值的一般形式如下:

```
类型说明符 数组名[常量表达式]={值,值,...,值};
```

其中,在{}中的各数据值即为各元素的初值,各值之间用逗号间隔。

例如:

```
int a[10]={0,1,2,3,4,5,6,7,8,9};
```

相当于

```
a[0]=0;a[1]=1;...;a[9]=9;
```

C 语言对数组的初始化赋值还有以下几点规定。

(1)可以只给部分元素赋初值。当{}中值的个数少于元素个数时,只给前面部分元素赋值。例如:

```
int a[10]={0,1,2,3,4};
```

表示只给 a[0]~a[4] 5 个元素赋值,而后 5 个元素自动赋 0 值。

(2)只能给元素逐个赋值,不能给数组整体赋值。例如,给 10 个元素全部赋 1 值,只

能写为

```
int a[10]={1,1,1,1,1,1,1,1,1,1};
```

而不能写为

```
int a[10]=1;
```

（3）如给全部元素赋值，则在数组说明中，可以不给出数组元素的个数。例如：

```
int a[5]={1,2,3,4,5};
```

可写为

```
int a[]={1,2,3,4,5};
```

【课堂思考】

（1）编程题。请编写程序，输入连续的 10 个数字，要把这 10 个数字反向输出。

输入：1 2 3 4 5 6 7 8 9 10

输出：10 9 8 7 6 5 4 3 2 1

提示：请结合一维数组编写程序，可以通过下标值访问数组，而且下标值不一定是要从 0 开始，也可以从 9 开始的。

（2）改错题。请看下面的代码：

```
#include <stdio.h>
main()
{
    int a[10];
    a={1,2,3,4,5,6,7,8,9,10};
    int i,temp;
    for(i=0;i<5;i++)
    {
        temp=a[i];
        a[i]=a[9-i];
        a[9-i]=temp;
    }
    for(i=0;i<10;i++)
    printf("%d ",a[i]);
    printf("\n");
}
```

程序在编译时就发生了错误提示，请找出错误并修改。

这段代码的作用是什么？程序会输出什么？请考虑一下，并给出答案。

5.1.5 程序设计思路

1. 数据组织

定义一个 int 型的数组 int score[6]。可以理解为定义了 6 个 int 型的变量，将用户输入的分数保存在这些变量里,之后可以计算出 6 个分数的总和,将这个分数的总和除以 6,并且将其强制转换为 float 型,这样就可以出结果并保留小数点。

2. 数据处理

先把用户提供的数据(即分数)进行保存,然后计算总分,再除以 6,获得平均分,输出即可。

采用流程图描述,如图 5.1 所示。

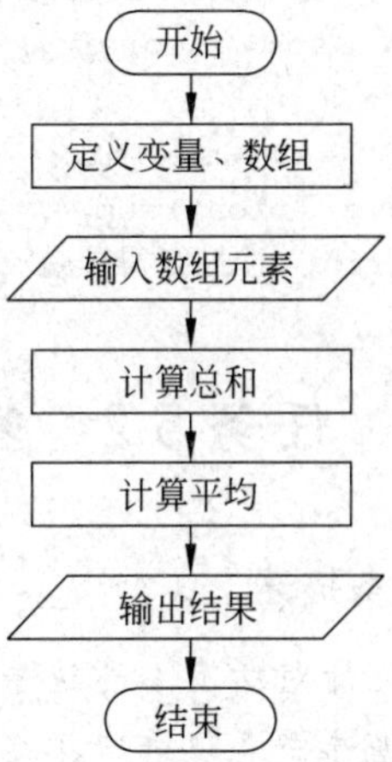

5.1.6 程序代码

给一名竞赛选手评分的程序代码如下:

图 5.1 竞赛现场评分流程

```
#include <stdio.h>
main()
{
    float avg;                  //平均值变量
    int score[6];               //定义一个 int 型数组,存放评委打的分
    int sum=0;                  //存放计算出来的总分
    int i;
    for(i=0;i<6;i++)            //实现读取 6 个评委打分
    {
        printf("请输入第%d 个评委打分:",i+1);
        scanf("%d",&score[i]);
    }
    for(i=0;i<6;i++)
        sum+=score[i];          //累加 6 个分数
    avg=(float)sum/6;           //强制转换所求得的平均值
    printf("最终得分是 %.2f \n",avg);
}
```

5.1.7 程序说明

程序首先定义一个 int 型的数组,里面有 6 个元素,用来保存用户输入的 6 个分数。可以通过下标来访问数组里面的每个元素,还可以进行操作。例如,score[0]代表的就是第一个元素。可以对数组 score 中元素输入/输出,就像普通变量一样。

【课堂思考】

(1) 能不能用一个 for 循环语句完成数组元素输入并同时进行求和?

(2) 为了使评委分数更加合理化,现改变得分规则:选手得分规则为去掉一个最高分和一个最低分,然后计算平均得分。请编程输出某选手的最终得分(假设有 6 个评委)。

参考程序代码如下:

```
max=score[0];min=score[0];
for(i=0;i<10;i++)
{
```

```
    if(max<score[i]) max=score[i];        //找最大值
    if(min>score[i]) min=score[i];        //找最小值
    sum+=score[i];                         //累加6个分数
}
sum=sum-max-min;                          //除去最大值和最小值
avg=(float)sum/4;                         //强制转换所求得的平均值
printf("最终得分是 %.2f \n",avg);
```

摆擂台求
最大或最小数

任务5.2　多名参赛选手的评分程序——二维数组

任务描述

统计对所有参赛选手(比如 10 名)的评委打分情况,并计算每位选手的最终得分,以便根据选手表现进行排名、颁奖。

任务分析

根据前面介绍的一维数组,可以直接定义 10 个一维数组来分别存储对 10 个选手的评委打分,程序代码如下:

```
int score1[6];
int score2[6];
   ⋮
int score10[6];
```

这样固然可以,但是如果参赛选手较多时,是不是很麻烦?为此,引入二维数组,将多个一维数组组织起来。

5.2.1　二维数组的定义

前面介绍的数组只有一个下标,称为一维数组,其数组元素又称为单下标变量。在实际问题中有很多量是二维的或多维的,因此,C 语言允许构造多维数组。多维数组元素有多个下标,以标识它在数组中的位置,所以也称为多下标变量。本任务只介绍二维数组,多维数组可由二维数组类推得到。

二维数组可以看作是由一维数组的嵌套而构成的。设一维数组的每个元素是一个数组,就组成了二维数组。可以把二维数组看作是一个矩阵。

二维数组定义的一般形式如下:

类型说明符 数组名[常量表达式1][常量表达式2];

其中,常量表达式 1 表示第一维下标的长度;常量表达式 2 表示第二维下标的长度。

例如:

```
int a[3][4];
```

该语句说明一个 3 行 4 列的数组的数组名为 a,其下标变量的类型为整型。该数组的下标变量共有 3×4 个,即

```
a[0][0],a[0][1],a[0][2],a[0][3]
a[1][0],a[1][1],a[1][2],a[1][3]
a[2][0],a[2][1],a[2][2],a[2][3]
```

二维数组在概念上是二维的,其下标在两个方向上变化。但是,实际的硬件存储器却是连续编址的,也就是说存储器单元是按一维线性排列的。如何在一维存储器中存放二维数组,可有两种方式:一种是按行排列,即放完一行之后顺次放入第二行;另一种是按列排列,即放完一列之后再顺次放入第二列。在 C 语言中,二维数组是按行排列的。即先存放 a[0]行,再存放 a[1]行,最后存放 a[2]行。每行中有 4 个元素也是依次存放的。

5.2.2 二维数组元素的使用

二维数组初始化也是在类型说明时给各下标变量赋以初值。二维数组可按行分段赋值,也可按行连续赋值。

例如,数组 a[5][3]按行分段赋值可写为

```
int a[5][3]={{80,75,92},{61,65,71},{59,63,70},{85,87,90},{76,77,85}};
```

按行连续赋值可写为

```
int a[5][3]={80,75,92,61,65,71,59,63,70,85,87,90,76,77,85};
```

这两种赋初值的结果是完全相同的。

对于二维数组初始化赋值还有以下说明。

(1) 可以只对部分元素赋初值,未赋初值的元素自动取 0 值。例如:

```
int a[3][3]={{1},{2},{3}};
```

是对每一行的第一列元素赋值,未赋值的元素取 0 值。赋值后各元素的值为

```
1 0 0
2 0 0
3 0 0
```

```
int a [3][3]={{0,1},{0,0,2},{3}};
```

赋值后的元素值为

```
0 1 0
0 0 2
3 0 0
```

(2) 如对全部元素赋初值,则第一维的长度可以不给出。例如:

```
int a[3][3]={1,2,3,4,5,6,7,8,9};
```

可以写为

```
int a[][3]={1,2,3,4,5,6,7,8,9};
```

数组是一种构造类型的数据。二维数组可以看作是由一维数组的嵌套构成的。设

一维数组的每个元素都又是一个数组,就组成了二维数组。当然,前提是各元素类型必须相同。根据这样的分析,一个二维数组也可以分解为多个一维数组,C语言允许这种分解。

如二维数组 a[3][4],可分解为三个一维数组,其数组名分别为

```
a[0]
a[1]
a[2]
```

对这三个一维数组不需另作说明即可使用。这 3 个一维数组都有 4 个元素,例如,一维数组 a[0] 的元素为 a[0][0]、a[0][1]、a[0][2]、a[0][3]。

必须要强调的是,a[0]、a[1]、a[2] 不能当成下标变量使用,它们是数组名,不是一个单纯的下标变量。

5.2.3　程序设计思路

1. 数据组织

根据以上分析,定义一个二维数组,用于存储 6 位评委给 10 个选手的打分;同时定义一个一维数组,用于存储 10 个选手的平均分。

2. 数据处理

先要把用户输入的数据(即分数)进行保存,即遍历二维数组的过程。要计算出每个选手的平均分,应从每行出发,从左到右计算每行的总和,然后再除以 6。

程序的流程描述如图 5.2 所示。

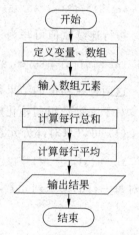

图 5.2　竞赛现场评分流程

5.2.4　程序代码

为多名参赛选手评分的程序代码如下:

```c
#include <stdio.h>
main()
{
    int score[10][6],i,j,sum;   //score 二维数组,用于存储 6 位评委给 10 个选手的打分
    float avg[10];              //用于存储 10 个选手的平均分
    for(i=0;i<10;i++)
    {
        printf("请输入 6 位评委给第%d个选手的打分:",i+1);
        for(j=0;j<6;j++)
            scanf("%d",&score[i][j]);
    }
    for(i=0;i<10;i++)           //计算 10 个选手的平均分
    {
        sum=0;
```

```
for(j=0;j<6;j++)
{
    sum+=score[i][j];
}
avg[i]=(float)sum/6;
}
for(i=0;i<10;i++)
    printf("第%d个选手的平均分为:%.2f\n",i+1,avg[i]);
printf("\n");
}
```

【课堂思考】

某游戏软件的地形高度数据保存在 faceh[5][5] 的二维数组里,让用户输入数值,然后打印出来,并将最高点数据及其下标打印出来。

任务 5.3　参赛选手的成绩排名——冒泡排序和选择排序

任务描述

在计算每位选手的最终得分后,将最终得分从高到低排序,根据顺序对选手进行排名。

任务分析

现在有一列数据:{10,5,8,4,3,9},应如何将这列数据从小到大排序呢?表 5.1 列出了两种方法(见下划线数字)。

表 5.1　完成任务 5.3 的两种方法

方　法	每趟找出剩下部分中最小者移至最左	每趟找出剩下部分中最大者移至最右
过程(一趟)	初始: 　　10 5 8 4 3 9 比较 **10 5** 8 4 3 9 交换 5 10 8 4 3 9 比较 **5 10 8** 4 3 9 不变 5 10 8 4 3 9 比较 **5** 10 8 **4** 3 9 交换 4 10 8 5 3 9 比较 **4** 10 8 5 **3** 9 交换 3 10 8 5 4 9 比较 **3** 10 8 5 4 **9** 不变 3 10 8 5 4 9 一趟结束后: 　(3) 10 8 5 4 9	初始: 　　10 5 8 4 3 9 比较 10 5 8 4 **3 9** 不变 10 5 8 4 3 9 比较 10 5 8 **4 3** 9 不变 10 5 8 4 3 9 比较 10 5 **8** 4 3 **9** 不变 10 5 8 4 3 9 比较 10 **5** 8 4 3 **9** 不变 10 5 8 4 3 9 比较 **10** 5 8 4 3 **9** 交换 9 5 8 4 3 10 一趟结束后: 　9 5 8 4 3 (10)

对于数组 a[n] 每一趟排序只能确定出一个最小(大)值元素的位置,所以应该进行 n-1 趟排序。通过观察可以发现,每一趟中的比较次数和当前趟数有关。

第 1 趟：$n-1$ 次比较

第 2 趟：$n-2$ 次比较

第 3 趟：$n-3$ 次比较

$\vdots$

第 $n-1$ 趟：1 次比较

冒泡排序

所以得出结论：排序的总趟数为 $n-1$ 趟。

5.3.1 冒泡排序

冒泡排序和选择排序是排序算法中比较简单和容易实现的算法。

冒泡排序的思想：每一次排序过程，通过相邻元素的交换，将当前没有排好序中的最大(小)移到数组的最右(左)端，如表 5.2 所示(见下划线数字)。

表 5.2　冒泡排序的过程

从小到大排序,每趟找出剩下部分中最小者左移	从大到小排序,每趟找出剩下部分中最大者左移	从小到大排序,每趟找出剩下部分中最大者右移	从大到小排序,每趟找出剩下部分中最小者右移
初始： 10 5 8 4 3 9	初始： 10 5 8 4 3 9	初始： 10 5 8 4 3 9	初始： 10 5 8 4 3 9
比较 10 5 8 4 **3 9**	比较 10 5 8 4 **3 9**	比较 **10 5** 8 4 3 9	比较 **10 5** 8 4 3 9
不变 10 5 8 4 3 9	交换 10 5 8 4 9 3	交换 5 10 8 4 3 9	不变 10 5 8 4 3 9
比较 10 5 8 **4 3** 9	比较 10 5 8 **4 9** 3	比较 5 **10 8** 4 3 9	比较 10 **5 8** 4 3 9
交换 10 5 8 3 4 9	交换 10 5 8 9 4 3	交换 5 8 10 4 3 9	交换 10 8 5 4 3 9
比较 10 5 **8 3** 4 9	比较 10 5 **8 9** 4 3	比较 5 8 **10 4** 3 9	比较 10 8 **5 4** 3 9
交换 10 5 3 8 4 9	交换 10 5 9 8 4 3	交换 5 8 4 10 3 9	不变 10 8 5 4 3 9
比较 10 **5 3** 8 4 9	比较 10 **5 9** 8 4 3	比较 5 8 4 **10 3** 9	比较 10 8 5 **4 3** 9
交换 10 3 5 8 4 9	交换 10 9 5 8 4 3	交换 5 8 4 3 10 9	不变 10 8 5 4 3 9
比较 **10 3** 5 8 4 9	比较 **10 9** 5 8 4 3	比较 5 8 4 3 **10 9**	比较 10 8 5 4 **3 9**
交换 3 10 5 8 4 9	不变 10 9 5 8 4 3	交换 5 8 4 3 9 10	交换 10 8 5 4 9 3
一趟结束后： (3) 10 5 8 4 9	一趟结束后： (10) 9 5 8 4 3	一趟结束后： 5 8 4 3 9 (10)	一趟结束后： 10 8 5 4 9 (3)

将待排序的元素看作是竖着排列的"气泡"，较小的元素比较轻，因此要往上浮。在冒泡排序算法中要对这个"气泡"序列处理若干遍。所谓一遍处理，就是自底向上检查一遍这个序列，并时刻注意两个相邻元素的顺序是否正确。如果发现两个相邻元素的顺序不对，即"轻"的元素在下面，就交换它们的位置。显然，处理一遍之后，"最轻"的元素就浮到了最高位置；处理两遍之后，"次轻"的元素就浮到了次高位置。经过前面 $n-1$ 遍的处理，它们已正确地排好序。

采用冒泡排序为参赛选手排名的程序代码如下：

```c
#include <stdio.h>
#include <conio.h>
main()
{
    int avg[10]={10,5,8,4,3,9,-2,3,6,7};
    int i,j,temp;
```

```
for(i=0;i<9;i++)
for(j=9;j>i;j--)
{
    if(avg [j]<avg [j-1])
    {
        temp=avg [j-1];
        avg [j-1]=avg [j];
        avg [j]=temp;
    }
}
printf("从小到大排序后为:\n");
for(i=0;i<10;i++)
    printf("%d ",avg [i]);
printf("\n");
getch();
}
```

5.3.2 选择排序

选择排序的思想也很直观：每一次排序过程获取当前没有排好序中的最大(小)的元素和数组最右(左)端的元素交换,循环这个过程即可实现对整个数组排序,如表 5.3 所示(见下划线数字)。

表 5.3 选择排序的过程

从小到大排序,每趟找出剩下部分中最小者左移	从大到小排序,每趟找出剩下部分中最大者左移	从小到大排序,每趟找出剩下部分中最大者右移	从大到小排序,每趟找出剩下部分中最小者右移
初始:	初始:	初始:	初始:
10 5 8 4 3 9	10 5 8 4 3 9	10 5 8 4 3 9	10 5 8 4 3 9
比较 **10** **5** 8 4 3 9	比较 **10** **5** 8 4 3 9	比较 10 5 8 4 **3** **9**	比较 10 5 8 4 **3** **9**
结果 10 5 8 4 3 9	结果 **10** 5 8 4 3 9	结果 10 5 8 4 3 **9**	结果 10 5 8 4 3 **9**
比较 10 **5** **8** 4 3 9	比较 **10** 5 **8** 4 3 9	比较 10 5 8 **4** 3 **9**	比较 10 5 8 **4** 3 **9**
结果 10 **5** 8 4 3 9	结果 **10** 5 8 4 3 9	结果 10 5 8 4 3 **9**	结果 10 5 8 4 3 **9**
比较 10 **5** 8 **4** 3 9	比较 **10** 5 8 **4** 3 9	比较 10 5 **8** 4 3 **9**	比较 10 5 **8** 4 3 **9**
结果 10 5 8 **4** 3 9	结果 **10** 5 8 4 3 9	结果 10 5 8 4 3 **9**	结果 10 5 8 4 3 **9**
比较 10 5 8 **4** **3** 9	比较 **10** 5 8 4 **3** 9	比较 10 **5** 8 4 3 **9**	比较 10 **5** 8 4 3 **9**
结果 10 5 8 4 **3** 9	结果 **10** 5 8 4 3 9	结果 10 5 8 4 3 **9**	结果 10 5 8 4 3 **9**
比较 10 5 8 4 **3** **9**	比较 **10** 5 8 4 **3** **9**	比较 **10** 5 8 4 3 **9**	比较 **10** 5 8 4 3 **9**
结果 10 5 8 4 **3** 9	结果 **10** 5 8 4 3 9	结果 **10** 5 8 4 3 9	结果 10 5 8 4 3 **9**
一趟结束后:	一趟结束后:	一趟结束后:	一趟结束后:
(3) 5 8 4 10 9	(10) 5 8 4 3 9	9 5 8 4 3 (10)	10 5 8 4 9 (3)

先从数组第一个元素 A[0]开始逐个检查,看哪个数最小就记下该数所在的位置 P,等一趟扫描完毕,再把 A[P]和 A[0]对调,这时 A[0]～A[n-1]中最小的数据就换到了最前面的位置。

采用选择排序为参赛选手排名的程序代码如下:

```
#include <stdio.h>
#include <conio.h>
```

```
main()
{
    int avg[10]={10,5,8,4,3,9,-2,3,6,7};
    int i,j,k,temp;
    for(i=0;i<9;i++)
    {
        k=i;
        for(j=i+1;j<10;j++)
        if(avg [j]<avg[k]) k=j;
        if(k!=i)
        {
            temp=avg[k];
            avg[k]=avg[i];
            avg[i]=temp;
        }
    }
    printf("从小到大排序后为:\n");
    for(i=0;i<10;i++)
        printf("%d ",avg[i]);
    printf("\n");
    getch();
}
```

直接选择排序

5.3.3　冒泡排序和选择排序的比较

冒泡排序算法和选择排序算法的区别在于:冒泡排序算法每次比较如果发现较小的元素在后面,就需交换两个相邻的元素;选择排序算法则并不急于调换位置。选择排序每扫描一遍数组,只需要一次真正的交换,而冒泡排序可能需要很多次。但两者比较的次数是一样的。

5.3.4　程序设计思路

竞赛现场评分,分数的排序只是手段,参赛选手的排名才是真正结果。

关于对象(简单地用"键+值"表示)的排序,其实是根据值的大小对关键字进行排序。

因此,用 key[10]={1,2,3,4,5,6,7,8,9,10}存放选手的关键信息(如编号),value[10]={10,9.5,9.8,9.4,9.3,9.9,9.2,9.3,9.6,9.7}存放选手的分数。在比较value[i]和 value[j]后并需要交换时,不仅要交换 value[i]和 value[j],而且要交换 key[i]和 key[j]。

5.3.5　程序代码

程序代码如下:

```
#include <stdio.h>
#include <conio.h>
```

```
main()
{
    int key[10]={1,2,3,4,5,6,7,8,9,10},tmpKey;
    float value[10]={10,9.5,9.8,9.4,9.3,9.9,9.2,9.3,9.6,9.7},tmpValue;
    int i,j;
    for(i=0;i<9;i++)
        for(j=9;j>i;j--)
        {
            if(value[j]>value[j-1])
            {
                tmpValue=value[j-1];
                value[j-1]=value[j];
                value[j]=tmpValue;
                tmpKey=key[j-1];
                key[j-1]=key[j];
                key[j]=tmpKey;
            }
        }
    printf("选手最后排名为:\n");
    printf("选手编号:");
    for(i=0;i<10;i++)
        printf("%d ",key[i]);
    printf("\n");
    printf("选手得分:");
    for(i=0;i<10;i++)
        printf("%.2f ",value[i]);
    printf("\n");
    getch();
}
```

【课堂思考】

（1）有10个数已经按由大到小的顺序存放在一维数组中，输入一个新的数，要求重新对一维数组按从大到小排序，并将新加入的数存放到数组合适的位置。

（2）小福娃公司为进一步扩大公司规模，准备招收员工，经过第一轮的电话面试后有35名应聘者进入第二轮的笔试，人事部门要为考生随机编排座位号。请读者为人事部门编程实现这个功能。

任务5.4　输入英文句子统计单词数——字符数组与字符串

任务描述

在使用Word软件编辑文档时，经常会用到统计单词个数的功能。下面用编程来实现统计英文单词数。

为了简化问题，假设一个句子只由字母和空格组成，没有标点符号，通过程序，来实现计算出这个句子里面的单词数。

任务分析

统计一条语句(即字符串)的单词数。首先,读取用户输入的语句,并存入数组里面。接下来,就是解决如何统计单词数的问题了。通常可以这样考虑:逐个扫描语句中字符,如果遇到了空格,就标记一下;当遇到字母时,可以认为单词出现了。比如"We are students"里面有两个空格,在字母 We 后面有一个空格,就统计 are 为一个单词;之后也有一个空格,也可以将 students 作为一个单词进行统计,现在统计了两个单词。可是这条语句有三个单词,不妨认为在 We 前面也有个"隐形的空格",这样也就方便处理了。

5.4.1　字符型数组

用来存放字符的数组称为字符型数组,也可以称为字符数组。字符数组允许在定义时作初始化赋值。例如:

```
char c[10]={'c',' ','p','r','o','g','r','a','m'};
```

其中,c[9]未赋值,系统自动赋予 0 值。

当对全体元素赋初值时也可以省去长度说明。例如:

```
char c[]={'c',' ','p','r','o','g','r','a','m'};
```

这时 c 数组的实际长度自动定为 9,定义使用长度为 10,也就是最大长度,实际长度和最大长度要区别清楚。

5.4.2　字符串和字符串结束标志

在 C 语言中没有专门的字符串变量,通常用一个字符数组来存放一个字符串。前面介绍字符串常量时,已说明字符串总是以'\0'作为串的结束符。因此,当把一个字符串存入一个数组时,也把结束符'\0'存入数组,并以此作为该字符串是否结束的标志。有了'\0'标志后,就不必再用字符数组的长度来判断字符串的长度了。

C 语言允许用字符串的方式对数组作初始化赋值。例如:

```
char c[]={'c', ' ','p','r','o','g','r','a','m'};
```

可写为

```
char c[]={"c program"};
```

或去掉{}写为

```
char c[]="c program";
```

用字符串方式赋值比用字符逐个赋值要多占 1 字节,用于存放字符串结束标志'\0'。上面的数组 c 在内存中的实际存放情况如下:

c		p	r	o	g	r	a	m	\0

'\0'是由 C 语言编译系统自动加上的。由于采用了'\0'标志,所以在用字符串赋初值时一般无须指定数组的长度,而由系统自行处理。

5.4.3　字符串的输入/输出

在采用字符串方式后,字符数组的输入/输出将变得简单方便。

除了上述用字符串赋初值的方法外,还可以用 printf()函数和 scanf()函数一次性输出/输入一个字符数组中的字符串,而不必使用循环语句逐个地输入/输出每个字符。

请看下面的代码。

```
#include <stdio.h>
main()
{
    char c[]="welcome to c world";
    printf("%s\n",c);
}
```

✿**注意**:在本例的 printf()函数中使用的格式字符串为%s,表示输出的是一个字符串,而在输出表中给出数组名即可。执行函数 printf("%s",c)时,按数组名 c 找到首地址,然后逐个输出数组中各个字符,直到遇到字符串终止标志'\0'为止。

5.4.4　字符串处理函数

C 语言提供了丰富的字符串处理函数,大致可分为字符串的输入、输出、合并、修改、比较、转换、复制、搜索几类。使用这些函数可大大减轻编程的负担。用于输入/输出的字符串函数,在使用前应包含头文件 stdio.h,使用其他字符串函数则应包含头文件 string.h。

下面介绍几个最常用的字符串处理函数。

1. 字符串输出函数 puts()

语法格式如下:

puts(字符数组名)

功能:把字符数组中的字符串输出到显示器,即在屏幕上显示该字符串。

```
#include <stdio.h>
main()
{
    char ch[]="Welcome to C world";
    puts(ch);
}
```

程序执行后,在控制台窗口输出了 Welcome to C world 并且自动换行了。如果将 puts()函数与 printf()函数对比一下,会发现 puts()函数完全可以由 printf()函数取代。当需要按一定格式输出时,通常使用 printf()函数。

2.字符串输入函数 gets()

语法格式如下：

gets(字符数组名)

功能：获取用户输入的字符串并且存储到对应的字符数组里。

```
#include <stdio.h>
main()
{
    char st[15];
    printf("请输入字符串:\n");
    gets(st);
    puts(st);
}
```

输入：

Welcome to C world!

输出：

Welcome to C world!

可以看出当输入的字符串中含有空格时，输出仍为全部字符串。说明 gets()函数并不以空格作为字符串输入结束的标志，而只以回车作为输入结束。这是与 scanf()函数是不同的。

3.字符串连接函数 strcat()

语法格式如下：

strcat(字符数组名 1,字符数组名 2)

功能：把字符数组 2 中的字符串连接到字符数组 1 中字符串的后面，并删去字符数组 1 后的串标志'\0'。本函数返回值是字符数组 1 的首地址。

```
#include <stdio.h>
#include <string.h>
main()
{
    static char ch1[30]="welcome to ";
    int ch2[10];
    printf("请输入字符串:\n");
    gets(ch2);
    strcat(ch1,ch2);
    puts(ch1);
}
```

输入：

C world!

输出：

welcome to C world!

本函数要求字符数组 ch1 应有足够的长度，否则不能全部装入所连接的字符串。

4. 字符串复制函数 strcpy()

语法格式如下：

strcpy(字符数组名 1,字符数组名 2)

功能：把字符数组 2 中的字符串复制到字符数组 1 中，串结束标志'\0'也一同复制。字符数组 2 也可以是一个字符串常量，这相当于把一个字符串赋予一个字符数组。

```
#include <stdio.h>
#include <string.h>
main()
{
    char st1[15],st2[]="C Language";
    strcpy(st1,st2);
    puts(st1);
}
```

输出：

C Language

本函数要求字符数组 st1 应有足够的长度，否则不能全部装入所复制的字符串。

5. 字符串比较函数 strcmp()

格式如下：

strcmp(字符数组名 1,字符数组名 2)

功能：按照 ASCII 码顺序比较两个数组中的字符串，并由函数返回值返回比较结果。

字符串 1=字符串 2，返回值 0。

字符串 1>字符串 2，返回值正数。

字符串 1<字符串 2，返回值负数。

本函数也可用于比较两个字符串常量，或比较数组和字符串常量。

```
#include <stdio.h>
#include <string.h>
main()
{
```

```
    int k;
    char st1[15]="abcd",st2[]="C Language";
    k=strcmp(st1,st2);
    if(k==0) printf("st1=st2\n");
    if(k>0) printf("st1>st2\n");
    if(k<0) printf("st1<st2\n");
}
```

输出：

```
st1>st2
```

本程序中把输入的字符串和字符数组 st2 中的串比较,比较结果返回到 k 中,根据 k 值再输出结果提示字符串。

6. 测字符串长度函数 strlen()

语法格式如下：

```
strlen(字符数组名)
```

功能：测字符串的实际长度(不含字符串结束标志\0)并作为函数返回值。

```
#include <stdio.h>
#include <string.h>
main()
{
    int k;
    char st[15]="abcder";
    k=strlen(st);
    printf("The length of the string is %d.\n",k);
}
```

输出：

```
The length of the string is 6.
```

5.4.5 程序设计思路

1. 数据组织

数据组织是指定义一个字符型(char)数组,用来存放用户输入的语句。在 C 语言中常用字符型数组来存放字符串。

2. 数据的处理与操作

首先读取用户输入的语句,用 gets()函数来获取并保存在字符型数组里面,然后访问这个字符型数组里面的每个字符,依照图 5.3 所示流程描述的算法,进行统计单词数,最后输出结果。

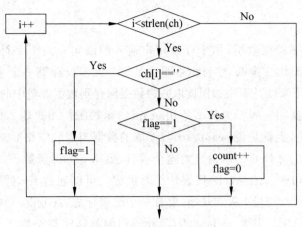

图 5.3 单词统计项目流程

5.4.6 程序代码

统计单词数的程序代码如下:

```c
#include <stdio.h>
#include <string.h>
main()
{
    char ch[1000];                    //定义一个字符串数组,用于存储用户输入的语句
    int count=0;                      //用于保存有多少个变量
    printf("请输入要统计单词的语句:\n");
    gets(ch);                         //读取用户输入的语句
    for(int i=0,flag=1;i<strlen(ch);i++)   //定义 flag 变量,用于标示是否出现空格
    {
        if(flag==1 && ch[i]!=' ')
        //如果这个元素不为空,而且在这个元素前面有空格,那么就可以算有一个单词
        {
            count++;
            flag=0;
        }else if(ch[i]==' ')
        {
            flag=1;
        }
    }
    printf("\n");
    puts(ch);                         //先打印出用户输入的语句
    printf("这条语句的单词数为%d :\n",count);
}
```

5.4.7 程序说明

首先定义一个字符型数组,用来存放用户输入的语句。关于字符型数组,可以考虑 int 型的数组,采用类比法推断,字符型数组也是每个元素就存储一个字符,这样可以一直连续存储下去。接下来就是解决如何读取并将数据保存到数组变量中的问题了。程序中用 gets()函数,为什么要用它呢?为什么不用 scanf()函数呢?用户输入的是一连串的字符串,里面包括了空格,也就是说 scanf()函数读取的数据当遇到空格后就停止了,而 gets() 函数遇到回车符(\0)才停止。所以针对这个项目,要用 gets()函数。

在 for 循环语句中,strlen(ch)代表什么意思呢?可以通过 for 循环语句的语法来推断 strlen(ch)的作用。变量 i 从 0 开始,要有一个结束标志,strlen(ch)的返回值就可以认为是变量 i 的终止范围。其实 strlen(ch)函数返回的就是字符型数组 ch 的实际长度,如果要从字符串的开始读取到字符串的尾部,即从第 0 个元素读取到字符串结束,就要用 strlen(ch)函数返回用户输入的字符串的长度。

在 for 循环语句初始化时,定义 flag 变量,并赋初值为 1。这样做的原因是:flag 变量就是用来标示是否存在空格。为了方便计算,可以假设在第一个字母前有一个隐形的空格。如下所示。

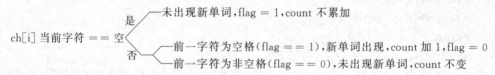

ch[i] 当前字符 == 空 —— 是 —— 未出现新单词,flag = 1,count 不累加
否 —— 前一字符为空格(flag == 1),新单词出现,count 加 1,flag = 0
—— 前一字符为非空格(flag == 0),未出现新单词,count 不变

【课堂思考】

编程题:输入一个字符串,将它逆序输出。

任务 5.5 猜牌游戏拓展——数组的应用

任务描述

9 张牌分成三行三列,玩家选定一张牌,通过最多三次确认所选牌所在的行数,最终确定所选牌是哪一张牌。

任务分析

可以先观察猜牌游戏的过程,如图 1.21 所示。方框中是每次告诉计算机选中牌所在行的三张牌,而圆圈中则是第二次和第三次告诉计算机选择行数后可能的牌。不难发现,等到第三次选择之后最终确定的牌就是开始选中的那张牌红桃 Q。

用数组 cards[3,3]或 cards[9]存放 9 张牌。

函数 riffle(cards,9)表示洗牌(从 52 张牌随机抽出 9 张不一样的牌)。

洗牌类似如下题目:随机产生 9 个 0~51 的数字,但不能重复。为了避免重复,用数组把产生的随机数存储起来。每次产生随机数,对数组从头开始扫描,如果没有重复,则可以把这个数加入；如果重复，那么重新产生随机数，一直到生成9个数为止。其流程如图 5.4 所示。

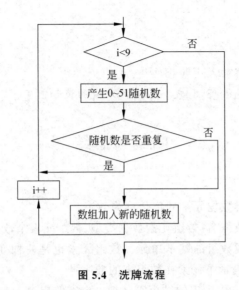

图 5.4 洗牌流程

猜牌游戏拓展的程序代码如下：

```
srand(time(0));          //随机数发生器的初始化函数,使用 time(0)作为种子
for(i=0;i<9;)
{
    n=rand()%52;          //随机产生一个 0~51 的数字
    for(j=0;j<i;j++)
      if(cards[j]==n)    //检测产生的随机数是否已经在之前生成了
      break;             //如果发现 n 与之前产生的随机数相同,则继续产生下一个随机数
      if(j==i)
      {
          cards[i]=n;    //没有发现相同的随机数,则将这个产生的数字存储进数组
          i++;           //控制着数组的下标志,如果有新加入的数,下标志才需要加上 1
      }
}
```

转变一下思路，其实随机产生 0~51 的数字，就是把这些数字打乱，并借助数组来完成。首先定义数组，初始化值为 0~51。然后产生随机下标，把下标 0 的数组元素与随机下标的数组元素交换；继续产生随机下标，把下标 1 的数组元素与随机下标的数组元素交换；一直这样下去。

程序代码如下：

```
srand(time(0));
for(i=0;i<52;i++)        //对数组进行初始化,对对应的元素赋值,使数组中存储 0~51 的数字
    d[i]=i;
for(i=0;i<9;i++)
{
    j=rand()%52;          //产生 0~51 的任意一个数字
```

```
    t=d[j];d[j]=d[i];d[i]=t;                //依据产生的数字对应下标的元素进行交换
    }
    for(i=0;i<9;i++)
        cards[i]=d[i];
```

【课堂思考】

(1) 如何存储一张牌的大小和花色?

(2) 移牌时,数组 cards[3,3]或 cards[9]元素的值如何变化?

归纳与总结

知识点

(1) 按序排列的同类数据元素的集合称为数组。

(2) 数组定义包括数组名、数组元素数据类型、数组元素个数。

(3) 数组元素是组成数组的基本单元。数组元素也是一种变量,其标识方法为数组名后跟一个下标。下标表示了元素在数组中的顺序号。

(4) 字符串总是以'\0'作为串的结束符。把一个字符串存入一个数组,也把结束符'\0'存入数组。

能力点

(1) 能为一维、二维数组初始化并赋值。

(2) 完成数组元素的查找、排序。

(3) 会实现字符串的输入、输出、合并、比较、复制。

拓 展 阅 读

还记得那个美轮美奂的北京冬奥会开幕式吗?

在北京冬奥会开幕式(见图 5.5)上,参赛国家代表队除首届国希腊和东道国中国以外,完全颠覆了以往按照国家英文首字母排序入场的方式。采用了国家和地区汉语名称的第一个汉字笔画进行排序入场。这就是咱们中华民族的文化自信。

图 5.5　北京冬奥会开幕式

习 题 5

一、填空题

1. 任何一个数组的数组元素具有相同的名字和_____。

2. 同一个数组中,数组元素之间是通过_____来加以区分的。

3. 定义 char ch[]="abcdef",这个数组占用的内存空间为_____字节。

4. 请阅读下面的代码,程序输出的结果是_____。

```
#include <stdio.h>
main()
{
    int i,no[10]={0};
    for(i=0;i<10;i+=2)
        no[i]=!no[i];
    for(i=0;i<10;i++)
        printf("%d",no[i]);
}
```

5. 定义一个二维数组:

```
int x[][4]={{1},{2},{3}};
```

那么元素 x[1][1]的值为_____。

二、选择题

1. 在 C 语言中,应用数组元素时,其数组下标的数据类型允许是(　　)。

    A. 整型常量　　　　　　　　　B. 整型表达式

    C. 整型常量或整型表达式　　　D. 任何类型的表达式

2. 下面代码定义一维数组正确的是(　　)。

    A. int a(10);

    B. int n=10,a[n];

    C. int n;scanf("%d",&n);int a[n];

    D. #define SIZE 10 int a[SIZE];

3. 定义二维数组:

```
int a[][4]={1,2,3,4,5,6,7,8,9,10,11,12};
```

    则数组 a 第一维的长度应该为(　　)。

    A. 2　　　　　　　B. 3　　　　　　　C. 4　　　　　　　D. 5

4. 请看下面的代码,程序会输出的结果是(　　)。

```
#include <stdio.h>
#include <string.h>
```

```
main()
{
    char a[10]="abcdef";
    char b[20];
    strcpy(b,a);
    strcat(b,"1234");
    int c=strlen(b);
    strcat(b,"c");
    printf("%s\n",b);
}
```

A. abcdef　　　　B. 1234　　　　C. abcdef123410　　D. abcdef1234c

5. 请看下面的代码,程序会输出的结果是(　　)。

```
#include <stdio.h>
#include <string.h>
main()
{
    char ch[10]={'a'};
    for(int i=1;i<9;i++)
    {
        ch[i]=ch[i-1]+1;
    }
    ch[9]='\0';
    printf("%s\n",ch);
}
```

A. a　　　　　　B. aaaaaaaaaa　　C. a12345678　　D. abcdefghi

三、编程题

1. 已知有一个整型数组 a 如下:

```
int a[]={12,5,8,19,22,-4,66,-17,28,13};
```

编写一个程序,功能是找出该数组中的最小元素和最大元素,将最小元素与数组首元素交换,最大元素与数组尾元素交换。打印出数组元素原先的取值和程序运行后的取值,结果如图 5.6 所示。

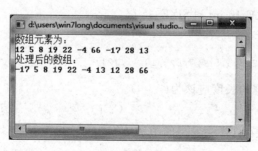

图 5.6　编程题 1 的结果示例

2. 模拟 n 个人参加选举的过程,并输出选举结果:假设候选人有四人,分别用 A、B、C、D 表示,要用户输入选票情况,比如 ABCDAABBCDEBAEABC,若输入的不是 A、B、C、D,则视为无效票,输出候选人编号和所得票数。结果如图 5.7 所示。

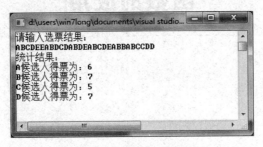

图 5.7　编程题 2 的结果示例

3. 请编写程序实现矩阵倒置,假设矩阵为 $3\times3(\{1,2,3,4,5,6,7,8,9\})$,输出这个矩阵的倒置图形。结果如图 5.8 所示。

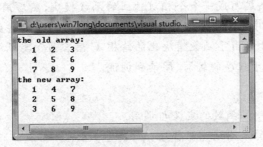

图 5.8　编程题 3 的结果示例

4. 编写检验密码程序,用户输入密码后,若为 GDIT,则显示信息"Now, you can do something!"。若输入错误,则显示信息:"Invalid password. Try again!"并至多重复 3 次。3 次出错,给出信息:"I am sorry, bye-bye!",并结束程序。结果如图 5.9 所示。

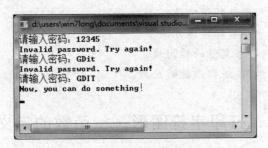

图 5.9　编程题 4 的结果示例

函数的应用

C 源程序是由函数组成的。虽然前面各模块的程序中大都只有一个主函数 main()，但实用程序往往由多个函数组成。函数是 C 源程序的基本模块，通过对函数模块的调用实现特定的功能。C 语言不仅提供了极为丰富的库函数，还允许用户建立自己定义的函数。用户可以把自己的算法编写成一个个相对独立的函数模块，然后用调用的方法来使用函数。可以说，C 语言程序的几乎全部工作都是由各式各样的函数完成的，所以又把 C 语言称为函数式语言。由于采用了函数模块化的结构，C 语言易于实现结构化程序设计，使程序的层次结构清晰，便于程序的编写、阅读和调试。

工作任务

- 打印字符图形——函数的定义与调用。
- 小学生加减法算术测试竞赛程序——有参函数。
- 排序——函数的调用及地址传递。
- 递归算法——函数的嵌套调用与递归调用。

技能目标

- 熟悉函数的定义、调用方法。
- 理解函数原型和函数的返回值。
- 熟悉函数调用中参数的传递方法。
- 理解全局变量、局部变量的作用域。
- 熟悉函数嵌套调用、递归函数的应用。

任务 6.1 打印字符图形——函数的定义与调用

任务描述

编写程序，自定义打印字符图形函数，利用函数打印如图 6.1 所示图形。

```
    *
   ***
  *****
 *******
   ***
   ***
   ***
   ***
```

图 6.1 由星字符组成的箭头图形

任务分析

通常情况下，打印字符图形要一行一行地输出打印，每行要先打空格，再打印字符(本例为"*")，最后结束打印换行。能不能将多次用到的打印字符程序写成像 printf()打印函数一样,按给定参数(字符和个数)输出结果呢? 答案是肯定的,方法是将程序中反复执行的某功能程序段独立写成一个函数,在需要完成该功能时调用该函数。

6.1.1 函数的概念及分类

函数就是可以反复执行的一个程序段。而任何一段 C 语言程序就是由若干个函数组成的,其中主函数 main()只有一个,其他函数可以通过相互调用来起作用,但是其他函数不能调用主函数。C 语言程序的结构如图 6.2 所示。C 语言程序的执行总是从 main()函数开始,完成对其他函数的调用后再返回到 main()函数,最后由 main()函数结束整个程序。

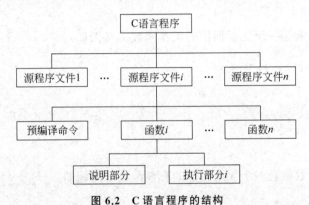

图 6.2 C 语言程序的结构

从函数定义的角度看,函数可分为库函数和用户定义函数两种。

(1)库函数:是由 C 语言系统提供,用户无须定义,也不必在程序中作类型说明,只需在程序前包含有该函数原型的头文件,即可在程序中直接调用,如 printf()、scanf()、getchar()等函数。

(2)用户定义函数:是指由用户按需要编写的函数。对于用户自定义函数,不仅要在程序中定义函数本身,而且在主调函数模块中还必须对该被调函数进行类型说明,然后才能使用。

6.1.2 定义函数

定义函数的一般格式如下:

```
/ * 函数体是由一对花括号"{}"括起,它是由变量说明语句和执行语句序列组成的 * /
<函数类型><函数名>(<形式参数表>)
{
    函数体
}
```

说明如下。

<函数类型>:这是所定义函数在执行完成后返回结果的数据类型及返回值的类型,它可以是 int、char、double 等基本数据类型。如果一个函数在执行后不返回任何结果值,那么该函数就是一个无返回值的函数,其<函数类型>为 void。函数如果有返回值,

那么就需要借助 return 语句来实现;如果定义函数时省略了<函数类型>,那么 C 语言将默认该函数的类型为 int。

<函数名>:这是所定义函数的名称,可以是 C 语言中任何合法的标识符。

(<形式参数表>):对于无参函数来说,<形式参数表>为空,但是()不能省略,而有参函数的<形式参数表>是由"<类型><参数>"对组成的,每对之间用英文逗号隔开,<类型>是指后面<参数>的数据类型,这里的参数就是所说的形式参数。例如:

```
void Hello()
{
    printf("Hello,world\n");
}
```

其中,Hello()函数就是一个无返回值的无参函数。又例如:

```
void printchar(int x,char y)
{
    int i;
    for(i=0;i<x;i++)
        printf("%c",y);
}
```

printchar()函数就是一个无返回值的有参函数。再例如:

```
int max(int a,int b)
{
    if(a>b)
        return a;
    else
        return b;
}
```

这里的 max(int a,int b)是一个返回值类型为 int 的有参函数。参数有两个,类型都是 int。

6.1.3 函数的调用

C 语言中,函数调用的一般形式如下:

函数名(实际参数表)

对无参函数调用时则无实际参数表。实际参数表中的参数可以是常数、变量或其他构造类型数据及表达式,各实参之间用英文逗号分隔。

在 C 语言中,可以用以下几种方式调用函数。

(1) 函数表达式:函数作为表达式中的一项出现在表达式中,以函数返回值参与表达式的运算。这种方式要求函数是有返回值的。例如,z=max(x,y)是一个赋值表达式,把 max()函数的返回值赋予变量 z。

(2) 函数语句:函数调用的一般形式加上英文分号即构成函数语句。例如,"printf("%d",a);""scanf("%d",&b);"都是以函数语句的方式调用函数。

（3）函数实参：函数作为另一个函数调用的实际参数出现。这种情况是把该函数的返回值作为实参进行传送，因此要求该函数必须是有返回值的。例如：

```
printf("% d",max(x,y));
```

6.1.4 形式参数和实际参数

函数的参数分为形式参数和实际参数两种，简称为形参和实参。在函数定义时说明的参数叫形参；在主调函数中，调用函数出现的参数叫实参。

形参和实参的功能是进行数据传送。发生函数调用时，主调函数把实参的值传送给被调函数的形参，从而实现主调函数向被调函数的数据传送。

函数的形参和实参具有以下特点。

（1）形参变量只有在被调用时才分配内存单元，在调用结束时，即刻释放所分配的内存单元。因此，形参只有在函数内部有效，形参和实参可以同名。

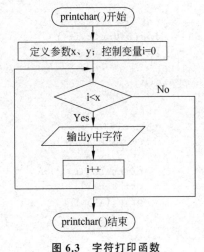

函数的值传递
和地址传递

（2）实参可以是常量、变量、表达式、函数等，无论实参是何种类型，在进行函数调用时，它们都必须具有确定的值，以便把这些值传送给形参。

（3）实参和形参在数量上、类型上、顺序上应严格一致，否则会发生类型不匹配的错误。

（4）函数调用中发生的数据传送是单向的，即只能把实参的值传送给形参，而不能把形参的值反向地传送给实参。因此，在函数调用过程中，形参的值发生改变，而实参中的值不会变化。

6.1.5 程序设计流程

如何定义打印字符的 printchar() 函数呢？要给定两个参数：一是打印什么字符；二是连续打印的个数。按函数定义格式定义，函数流程如图 6.3 所示。

"void printchar(int x,char y)"为自定义函数，名为 printchar，形参为"int x,char y"，无返回值。

6.1.6 程序代码

打印字符图形的程序代码如下：

```
#include <stdio.h>
void printchar(int x,char y)
{
    int i;
    for(i=0;i<x;i++)
    printf("%c",y);
}
main()
{
    int i;
    char c1='*',c2=' ';
    for(i=0;i<4;i++)            //打印上部图形
```

图 6.3 字符打印函数

```
    {
        printchar(8-i,c2);        //打印空格字符
        printchar(2 * i+1,c1);    //打印 c1 字符
        printf("\n");             //打印换行
    }
    for(i=0;i<4;i++)              //打印下部图形
    {
        printchar(7,c2);         //打印空格字符
        printchar(3,c1);         //打印 c1 字符
        printf("\n");            //打印换行
    }
}
```

6.1.7 程序说明

语句"printchar(8−i,c2);"是调用自定义函数,打印实参 c2 指定的空格,个数由实参 8−i 表达式的值确定。语句"printchar(2 * i+1,c1);"是打印实参 c1 指定的"*",个数由实参 2 * i−1 表达式的值确定。语句"printchar(7,c2);"是打印实参 c2 指定的空格,个数由实参常量 7 确定。

【课堂思考】

利用 void printchar(int x,char y)自定义函数,打印出下列字符图形。

```
A
BB
CCC
DDDD
```

参考程序代码如下:

```
#include <stdio.h>
void printchar(int x,char y)
{
    int i;                        //函数变量说明语句
    for(i=0;i<x;i++)
    printf("%c",y);
}
main()
{
    int i;
    char c1='A';
    for(i=0;i<4;i++)
    {
        printchar(6,' ');         //打印空格字符
        printchar(i+1,c1+i);      //打印 A、B、C、D 字符
        printf("\n");             //打印换行
    }
}
```

【技能训练】

自定义函数 void printchar(int x,char y),打印下列字符图形。

```
ADDDD
BBCCC
CCCBB
DDDDA
```

参考程序代码如下：

```c
#include <stdio.h>
void printchar(int x,char y)
{
    int i;
    for(i=0;i<x;i++)
    printf("%c",y);
}
main()
{
    int i;
    char c1='A';
    for(i=0;i<4;i++)
    {   printchar(6,' ');
        printchar(i+1,c1+i);
        printchar(4-i,c1-i+3);
        printf("\n");
    }
}
```

任务 6.2　小学生加减法算术测试竞赛程序——有参函数

任务描述

某幼儿游戏软件需要编写一个 10 以内的加减算术测试程序,计算机随机出 10 道加减测试题,答题后显示正确或错误信息,结束后统计成绩。

任务分析

本任务要求编写一计算机自动出题考试程序,主要内容有自动出题目、用户答题、自动评分、打印成绩。

6.2.1　模块化程序设计

基本思想:将一个大的程序按功能分割成一些小模块。开发方法:自上向下,逐步分解,分而治之。

特点:各模块相对独立、功能单一、结构清晰、接口简单。控制了程序设计的复杂性,提高源代码的可靠性。能缩短开发周期,避免程序开发的重复劳动,易于维护和功能扩充。

6.2.2　函数的分类

按照返回值类型,可以分为有返回值函数和无返回值函数两种。

(1) 有返回值函数：此类函数被调用后将向调用者返回一个执行结果。

(2) 无返回值函数：此类函数用于完成某项特定的处理任务，执行完成后不向调用者返回函数值。

从主调函数和被调函数之间数据传送的角度看又可分为无参函数与有参函数两种。

(1) 无参函数：函数定义、函数说明及函数调用中均不带参数。主调函数和被调函数之间不进行参数传送。此类函数通常用来完成一组指定的功能，可以返回或不返回函数值。

(2) 有参函数：又称为带参函数。在函数定义及函数说明时都有参数，称为形式参数(简称为形参)。在函数调用时也必须给出参数，称为实际参数(简称为实参)。进行函数调用时，主调函数将把实参的值传送给形参，供被调函数使用。

例如，项目中的 void printchar(int x,char y)是有参函数、无返回值函数。

6.2.3　函数的返回值

函数值(或称函数的返回值)是指函数被调用之后，执行函数体中的程序段所取得的并返回给主调函数的值。对函数值的说明如下。

(1) 函数值只能通过 return 语句返回主调函数。

return 语句的一般形式如下：

return 表达式;

或者

return (表达式);

该语句的功能是计算表达式的值，并返回给主调函数。在函数中允许有多个 return 语句，但每次调用只能有一个 return 语句被执行，因此只能返回一个函数值，也就是说函数在执行的过程中遇到 return 语句就代表函数执行结束。

(2) 函数值的类型和函数定义中函数的类型应保持一致。如果两者不一致，则以函数的类型为准，自动进行类型转换。

(3) 如果函数值为整型，在函数定义时就可以省去类型说明。

(4) 不返回函数值的函数，可以明确定义为空类型，类型说明符为 void。一旦函数被定义为空类型后，就不能在主调函数中使用被调函数的函数值了。

6.2.4　函数调用中参数的传递方法

在函数调用过程中，参数的传递方法有两种：值传递和地址传递。

所谓值传递，是指形式参数是普通的变量，例如：

```c
#include <stdio.h>
int max(int x,int y)
{
    int c ;
    if(x<y)                              //如果 x 小于 y,就互换 x 和 y 的值
```

```
    {   c=x;
        x=y;
        y=c;
    }
    return x ;                          //返回 x 的值
}
main()
{
    int a,b,c;
    printf("please enter two integers:");
    scanf("%d,%d",&a,&b);              //输入两个整数变量 a 和 b
    c=max(a,b);                        //调用 max(int x,int y)
    printf("c=%d",c);
}
```

在函数 max(int x,int y)中形参 x 和 y 都是普通变量,在调用时就是值传递,也就是说在调用函数 max(int x,int y)时,是把变量 a 的值传递给形式参数 x,把变量 b 的值传递给形式参数 y。当输入的值为 2 和 1 时,a=2,b=1;调用 max(int x,int y)之后,x=2,y=1,返回一个 2,而 a、b 的值保持不变。但是,如果输入的是 2 和 3 时,也就是说 a=2,b=3,那调用 max(int x,int y)之后,x=3,y=2,返回值为 3,但是 a、b 的值还是保持不变。这就是值传递的特点。

通过上面的例题可以看出来,值传递这种方式,由于实参变量和形参变量占用的内存中不同的存储区,被调函数对形参加工,不会影响实参变量,因此,被调用者如果要返回信息给调用者,只能通过 return 语句,而不能借助于形参变量。所以,值传递是"单向的"。

6.2.5 程序设计流程

采用模块化程序设计思想,利用函数完成一些独立功能,在主函数中调用函数,完成任务,使结构清晰。为此,将计算机测试的步骤分为:显示一道题目,输入答案,对比评分,显示正误,最后统计成绩等环节。测试程序的核心是计算机如何出题目,如何评分,将任务分解为几个部分。如计算机出题目,计算机评分,在主函数中循环 10 次调用两函数,循环结束打印成绩,将复杂的计算机考试问题简单化。流程如图 6.4 所示。

出题函数:主要完成计算机随机用加减法运算题目,显示并返回标准答案。考虑小学低年级学生只会 10 以内加减法的实际情况,减法应避免出现负数。

评分函数:主要完成计算机输入答案和标准答案的比较评分,显示正确与否信息,并返回标记。

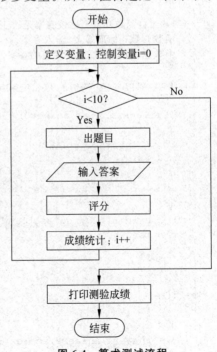

图 6.4 算术测试流程

6.2.6 程序代码

加减法算术测试竞赛程序代码如下：

```c
/* show()函数功能：打印显示计算机随机出题目，并返回标准答案
   函数参数：无
   函数返回值：返回标准答案
*/
int show()
{
    int a,b,t,op,answer0;
    srand(time());
    a=rand()%10+1;
    b=rand()%10+1;
    op=rand()%2+0;                        //随机加减法
    switch(op)
    {
        case 0: printf("%d+%d=",a,b);      //显示题目
                answer0=a+b;               //计算标准答案
                break;
        case 1:
                if(a<b){ t=a;a=b;b=t; }    //限制出现负数
                printf("%d-%d=",a,b);      //显示题目
                answer0=a-b;               //计算标准答案
                break;
    }
    return(answer0);                       //返回标准答案
}
/* test()函数功能：比较答案是否正确，有打印显示信息，并返回标记
   函数参数：标准答案、输入答案
   函数返回值：比较参数传递的答案，相同则返回1,否则返回0
*/
int test(int t_answer1,int t_answer0)
{
    if(t_answer1==t_answer0)
    {
        printf("Right!\n");
        return 1;
    }
    else
    {
        printf(" Not correct! \n");
        return 0;
    }
}

main()
{
    int i,an_flag;
    int answer1,answer2,score=0;
    for(i=0;i<10;i++)
    {
```

```
        answer1=show();                        //调用显示函数,获得标准答案
        scanf("%d",&answer2);
        an_flag=Test(answer1,answer2);         //调用评分函数,获得答题标记
        if(an_flag==1)                         //答题标记正确加分
            score+=10;
    }
    printf("\nRight score:%d\n",score);
}
```

6.2.7 程序说明

show()函数是无参数函数,但函数有返回值,调用时通过函数返回标准答案给 answer1,如调用语句"answer1＝show();"。

test()函数有两个形式参数(int t_answer1,int t_answer0),调用时用实参替代形参,如"an_flag ＝ Test(answer1, answer2);",将函数返回值赋值给 an_flag 变量。通过an_flag ＝＝ 1 的比较可以确定成绩,如果标记为1,则 score 累加 10 分。

【课堂思考】

(1) 在本任务中是如何利用两函数的返回值的?

(2) 在本任务中两函数的形参和实参是怎样传值的? 上机试一试,形参和实参能同名吗?

【技能训练】

模仿本任务,实现一个 20 以内的加、减、乘、除 10 道计算机练习测试的程序。

任务 6.3 排序——函数的调用及地址传递

任务描述

某软件公司销售一款软件新产品,销量按月存放,如表 6.1 所示,需要编写程序查找销量最多或最少的月份,统计平均值,按从小到大排序输出。

表 6.1 软件销售量

月份	1	2	3	4	5	6	7	8	9	10	11	12
销量/万元	15.0	13.5	16.0	17.6	18.2	18.6	19.0	17.4	17.8	16.5	19.5	18.5

任务分析

本任务要求编写查询、统计数据的程序。主要内容:查找销量最多的月份,销量最少的月份,打印输出年平均值,按从大到小排序输出。

6.3.1 地址传递

地址传递是指形式参数是数组名或指针变量。例如,为数组 score 输入一个学生 5 门课程的成绩,利用函数求其平均成绩。

程序代码如下：

```c
#include <stdio.h>
float average(int stu[],int n);
main()
{
    int score[10],i;
    float av;
    printf("Input 10 scores:\n");
    for( i=0;i<10;i++)
        scanf("%d",&score[i]);
    av=average(score,10);          //数组名作参数
    printf("Average is:%.2f",av);
}
float average(int stu[],int n)
{
    int i;
    float av,total=0;
    for( i=0;i<n;i++)
        total+=stu[i];
    av=total/n;
    return av;
}
```

本程序首先定义了一个实型函数 average()，有两个形参：实型数组为 stu，数组长度为 n。在 average() 函数中把各元素值相加求出平均值，返回给主函数。主函数 main() 中首先完成数组 score 的输入，然后以 score 作为实参调用 average(score,10) 函数。函数返回值送 av，最后输出 av 值。

当用数组名作为函数参数时，可以这样理解：由于实际上形参和实参为同一数组，因此当形参数组发生变化时，实参数组也随之变化。当然，这种情况不能理解为发生了"双向"的值传递。但从实际情况来看，调用函数之后实参数组的值将随着形参数组值的变化而变化，所以，地址传递是"双向的"传递方式。

6.3.2　函数原型说明

在 C 语言程序中，一个函数的定义可以放在主函数 main() 之前，也可放在 main() 函数之后。如果把 max() 函数置于 main() 函数之后，那需要在 main() 函数之前先进行函数的原型说明。所谓"函数的原型说明"，就是说如果函数的定义放在 main() 函数之后，则需要在函数调用之前先对函数作一个说明，这与使用变量之前要先对变量进行说明是一样的。对函数原型说明的一般格式如下：

类型说明符 被调函数名(类型 形参,类型 形参...);

或者

类型说明符 被调函数名(类型,类型...);

括号内给出了形参的类型和形参名，或只给出形参类型，这样便于编译系统进行检

错，以防止可能出现的错误。

6.3.3 全局变量、局部变量与变量的作用域

C语言允许在三个地方说明变量。

(1) 在所有函数之外。这种变量称为全局变量，它可以被该程序中的所有函数使用。在本任务中，定义的全局变量有很多，例如：

```
int max_month=0; float av=0.0;          /* 全局变量 */
```

(2) 在某个函数中（或者复合语句里）。这种变量称为局部变量，它只能在说明它的范围内使用。也就是说，凡是在一对花括号内说明的变量就是局部变量，它只能在该括号内使用，出了这个花括号，该变量就不能使用了。下面以函数 findmax(float a[], int n) 为例来说明。

```
int findmax(float a[],int n)
{
    int i,k=0;
    float temp=a[0];
    for(i=0;i<n;i++)
        if(a[i]>temp){k=i;temp=a[i];}
    return k+1;
}
```

在这个函数体内部定义了 2 个变量 i、k，这两个变量都是局部变量，它们只能在这个函数内部使用，出了这个函数就没有任何意义。需要注意的是，这里的 i 和 main() 函数中的变量 i 是不同的，它们各自的作用域也是不同的，在 main() 函数中定义的 i 只能在 main() 函数中使用。不管是 findmax(float a[], int n) 函数中的变量 i、k，还是 main() 函数中定义的 i，都是局部变量。

(3) 全局变量的作用域是整个程序，局部变量的作用域是给出它说明的那个函数（或者复合语句）。在 C 语言中，称一个变量的作用范围为"变量的作用域"。由于每个变量都有自己的作用域，因此在不同函数内部说明的局部变量可以使用相同的变量名，类型可以不一样。因为在不同函数中的局部变量不会因为名字相同而相互干扰。C 语言规定，在一个源程序文件中，当所说明的全局变量与某个函数内部说明的局部变量同名时，那么在该局部变量的作用域中全局变量就不会起作用。如程序中的 float av 是局部变量，在 average(float a[], int n) 函数中是局部变量。

6.3.4 程序设计流程

将销售量按月存储，设整型数组 month[12] 存储月份，设实型数组 sale[12] 存储销售额，从 sale[0] 开始存放 1 月销售额，sale[1] 存储 2 月销售额，以此类推，sale[11] 存储 12 月销售额。查找最高销售额月份，将数组中最大值找到并记下数组下标，加 1 后就可得相应月份。逐个扫描比较数组元素，用 q 记下最大值，p 记下其下标，扫描一遍后，有变化就交换 i 和 p 数组单元数据和月份。

6.3.5 程序代码

为销量排序的程序代码如下：

```c
#include <stdio.h>
int findmax(float a[],int n);
int findmin(float a[],int n);
float average(float a[],int n);
sort(float a[],int n);
int month[12]={1,2,3,4,5,6,7,8,9,10,11,12};
main()
{
    int i;
    float sale[12]={15.0,13.5,16.0,17.6,18.2,18.6,19.0,17.4,17.8,16.5,19.5,18.5};
    printf("\n Average is:%.2f",average(sale,12));
    printf("\n findmax month is:%d",findmax(sale,12));
    printf("\n findmin month is:%d",findmin(sale,12));
    sort(sale,12);
    printf("\n sale sort \n\n");
    for( i=0;i<12;i++)
        printf("%4d ",month[i]);
    printf("\n\n ");
    for( i=0;i<12;i++)
        printf("%0.2f ",sale[i]);
    printf("\n\n ");
}
float average(float a[],int n)
{
    int i;
    float av,total=0;
    for( i=0;i<n;i++)
        total+=a[i];
    av=total/n;
    return av;
}
int findmax(float a[],int n)
{
    int i,k=0;
    float temp=a[0];
    for( i=0;i<n;i++)
        if(a[i]>temp){k=i;temp=a[i];}
    return k+1;
}
int findmin(float a[],int n)
{
    int i,k=0;
    float temp=a[0];
    for( i=0;i<n;i++)
        if(a[i]<temp){k=i;temp=a[i];}
    return k+1;
}
```

```
sort(float a[],int n)
{
    int i,j,p,t;
    float s,q;
    for(i=0;i<12;i++)
    {
        p=i;q=a[i];
        for(j=i+1;j<12;j++)
            if(q<a[j]){ p=j;q=a[j];}
        if(i!=p)
        {   s=a[i];
            a[i]=a[p];
            a[p]=s;
            t=month[i];
            month[i]=month[p];
            month[p]=t;
        }
    }
}
```

程序运行结果如下：

```
 Average  is:17.30
findmax month is:11
findmin month is:2
sale sort
 11    7    6   12    5    9    4    8   10    3    1    2
19.50 19.00 18.60 18.50 18.20 17.80 17.60 17.40 16.50 16.00 15.00 13.50
```

【课堂思考】

(1) 在本任务中利用数组作为函数的参数与变量作为参数有何不同？

(2) 在本任务中全局变量与局部变量同名，应如何决定其作用域？

任务 6.4　递归算法——函数的嵌套调用与递归调用

任务描述

计算机可用循环变量累积的方法计算 $n!$，计算机不用循环能不能求解 $n!$ 呢？

计算 $n!$ 可用公式

$$\begin{cases} n!=1 & (n=0,1) \\ n\times(n-1)! & (n>1) \end{cases}$$

任务分析

本任务要求编写一个自身调用自身的函数，使用计算机完成计算任务。

6.4.1　函数的嵌套调用

C 语言中不允许出现嵌套的函数定义。因此各函数之间是平行的，不存在上一级函数和下一级函数的问题。但是 C 语言允许在一个函数的定义中出现对另一个函数的调

用。这样就出现了函数的嵌套调用,即在被调函数中又调用其他函数。例如:

sum=(2 * 2)!+(3 * 3)!

本计算(sum)可以编写两个函数,先编写 f2()函数来计算平方值,再编写 f1()函数计算阶乘的值。主函数 main()先调 f1()函数计算出平方值,调用 f2()函数计算其阶乘值,在主函数循环程序中计算累加和。

程序代码如下:

```
long f2(int p)
{
    int r;
    r=p * p;
    return r;
}
long f1(int q)
{
    long c=1;
    int i,k;
     k=f2(q);
    for(i=1;i<=k;i++)
      c=c * i;
    return c;
}
main()
{
    int i;
    long s=0;
    for(i=2;i<=3;i++)
      s=s+f1(i);
    printf("\ns=%ld\n",s);
}
```

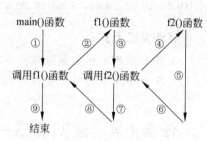

图 6.5　函数嵌套调用

其关系如图 6.5 所示。

图 6.5 表示了两层嵌套的情形。其执行过程是:执行 main()函数中调用 f1()函数的语句时,即转去执行 f1()函数;在 f1()函数中调用 f2()函数时,又转去执行 f2()函数;f2()函数执行完毕,返回 f1()函数的断点继续执行;f1()函数执行完毕,返回 main()函数的断点继续执行。

6.4.2　函数的递归调用

一个函数在其函数体内调用其自身称为递归调用,这种函数称为递归函数。C 语言允许函数的递归调用。在递归调用中,主调函数又是被调函数。执行递归函数将反复调用其自身,每调用一次就进入新的一层递归。

例如,有 f()函数如下:

```
int f(int x)
```

```
{
    int y;
    z=f(y);
    return z;
}
```

这个函数是一个递归函数。但是运行该函数将无休止地调用其自身,这当然是不正确的。为了防止递归调用无终止地进行,必须在函数内有终止递归调用的手段。常用的办法是加条件判断,满足某种条件后就不再作递归调用,然后逐层返回。

6.4.3　程序代码

下面举例说明递归调用的执行过程。用递归法计算 $n!$ 可用下述公式表示:

$$\begin{cases} n!=1 & (n=0,1) \\ n\times(n-1)! & (n>1) \end{cases}$$

按公式可编程如下:

```
long fac(int n)                /*计算结果定为长整型*/
{
    long f;
    if(n<0)printf("n<0,input error");
    else if(n==0||n==1)f=1;
    else f=fac(n-1) * n;
    return(f);
}
main()
{
    int n;
    long y;
    printf("\ninput a inteager number:\n");
    scanf("%d",&n);
    y=fac(n);
    printf("%d!=%ld",n,y);
}
```

6.4.4　递归函数的执行过程

程序中给出的 fac()函数是一个递归函数。主函数调用 fac()函数后即进入 fac()函数执行,如果 n<0、n=0 或 n=1 时都将结束函数的执行,那么就递归调用 fac()函数自身。由于每次递归调用的实参为 n−1,即把 n−1 的值赋予形参 n,最后当 n−1 的值为 1 时,再作递归调用,形参 n 的值也为 1,将使递归调用终止,然后可逐层退回。求 fac(4)函数的递归调用过程,如图 6.6 所示。

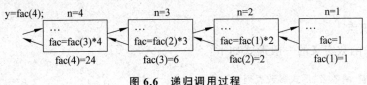

图 6.6　递归调用过程

在主函数中的调用语句即为 y＝fac(4)。进入 fac()函数后,由于 n＝4,不等于 0 或 1,故应执行 f＝fac(n－1)＊n,即 f＝fac(4－1)＊4。该语句对 fac()函数作递归调用,即 fac(3)。进行三次递归调用后,fac()函数形参取得的值变为 1,故不再继续递归调用而开始逐层返回主调函数。fac(1)函数的返回值为 1,fac(2)函数的返回值为 1＊2＝2,fac(3)函数的返回值为 2＊3＝6,最后 fac(4)函数的返回值为 6＊4＝24。

【课堂思考】

(1) 能否用递归函数求解数组 a 中各元素之和?

提示：求和的递归算法。

```
float sum(int n)          //求 n(n≥0)个数的和的递归算法,假设这些数存放在数组 a 中
{
    if(n==0) return 0;
    return sum(n-1)+a[n];      //sum
}
```

(2) 下列递归函数能实现什么功能?

```
#include <stdio.h>
void printd(int n)
{
    if(n<0){ putchar('-');n=-n; }
    if(n / 10) printd(n / 10);
    putchar(n %10+'0');
}
```

【技能训练】

(1) 编写程序,求 2!＋4!＋6!＋8!＋10!。

(2) Fibonacci(斐波那契)数列可递归定义为

$$\mathrm{Fib}(n)=\begin{cases} 0 & (n=0) \\ 1 & (n=1) \\ \mathrm{Fib}(n-1)+\mathrm{Fib}(n-2) & (n>1) \end{cases}$$

参考程序代码如下：

```
long int fib(int n)                    //求斐波那契数列中的第 n 个数
{
    if(n<2) return n;                  //f(0)=0,f(1)=1
    else return fib(n-1)+fib(n-2);     //若 n>1,f(n)=f(n-1)+f(n-2)
}
```

归纳与总结

知识点

(1) 有参函数定义的一般形式如下：

类型标识符 函数名(形式参数表列)

```
{ 声明部分
    语句
}
```

（2）函数的值是指函数被调用之后，执行函数体中的程序段所取得的并返回给主调函数的值。

return 语句的一般形式如下：

return 表达式;

或者

return (表达式);

（3）一个函数在它的函数体内调用它自身称为递归调用，这种函数称为递归函数。

能力点

（1）掌握函数的定义格式。

（2）掌握函数的调用方法。

（3）了解函数形参、实参的意义，理解参数传递方法。

（4）掌握函数原型和函数的返回值的应用方法。

（5）理解全局变量、局部变量的作用域。

（6）熟悉函数嵌套调用、递归函数的应用。

拓 展 阅 读

工匠精神是一种追求卓越、精益求精的态度和品质，它体现了对工作的热爱和专注，对技艺的执着和追求。在全面建设社会主义现代化国家的过程中，我们需要弘扬和传承工匠精神，将其融入经济、政治、文化、社会、生态文明等各个领域的发展中。

"深海钳工"管延安进行港珠澳大桥隧道工程沉管舾装安装工作时，对自己的要求近乎苛刻，经其手拧过的 60 多万颗螺丝零失误，创下了 5 年零失误的深海奇迹。

管延安技术精湛，他可以凭借手感判断 1mm 间隙，实现零误差安装；能够通过耳朵听出螺丝装配是否标准；左右手都能拧紧螺丝，且误差不超过 1mm。他工作态度认真，为了保证最佳手感，工作中从不戴手套；他坚持反复检查，确保每一颗螺丝都安装无误；他对于每个修过的零件都做详细记录，并建立"图解档案"。他在高温、高湿的海底环境下长时间工作，从未有过抱怨。面对设备突发故障，能够迅速进入沉管内完成抢修。在 E15 沉管安装中，他快速排除故障，确保工程质量和工友安全。他坚持"演练保安全，重复出精彩"的理念，提升工作效率。在港珠澳大桥建设中，实现了滴水不漏的外海沉管隧道建设。管延安作为"大国工匠创新工作室"带头人，带领团队取得 19 项专利，将自己的技术和心得传授给徒弟，确保技能传承。荣获"全国劳动模范""全国五一劳动奖章"等多项荣誉。他被称为中国"深海钳工第一人"。中央电视台《大国工匠》纪录片专门介绍过其先进事迹。

　　他的故事是对中国工匠精神的生动诠释,他的每一次努力和成功都是对"大国工匠"称号的最好证明。他不仅在技术上追求完美,更在精神和道德层面展现了劳动者的风采,成了新时代产业工人的杰出代表。

习　题　6

一、填空题

　　1. C 程序总是从_____函数开始执行。

　　2. 在 C 语言中,在函数调用时使用的参数,称为_____;在函数定义时,函数头中列出的参数,称为_____。

　　3. 如果一个函数没有返回值,那么该函数的类型是_____。

　　4. 一个函数在它的函数体内调用它自身称为_____。

　　5. 一个函数的形式参数的作用域是_____。

二、选择题

　　1. 若函数的定义为

```
fun(char ch)
{
    ...
}
```

那么该函数的返回值是(　　)。

A. void 型　　　　　B. char 型　　　　　C. float 型　　　　　D. int 型

　　2. 阅读下面的程序,给出执行后全局变量 gx 的取值(　　)。

```
#include <stdio.h>
int gx;
void sgb()
{
    int gx;
    gx=3;
}
void fun()
{
    gx=5;
    sgb();
    gx=gx*3;
}
main()
{
    fun();
```

```
    printf("gx=%d\n",gx);
}
```

A. 15   B. 0   C. 9   D. 5

3. 写出下列程序的运行结果(　　)。

```
fun(int a,int b)
{
    if(a<b)
        return(a);
    else
        return(b);
}
main()
{
    int x=3,y=8,z=1,r=7;
    r=fun(fun(x,y),2*z);
    printf("%d\n",r);
}
```

A. 8   B. 7   C. 2   D. 3

4. C语言规定：简单变量做实参时,它和对应形参之间的数据传递方式是(　　)。

A. 地址传递

B. 单向值传递

C. 由实参传给形参,再由形参传回给实参

D. 由用户指定的传递方式

5. 有以下程序：

```
f(int x,int y)
{
    int t;
    if(x<y){ t=x;x=y;y=t; }
}
main()
{
    int a=4,b=3,c=5;
    f(a,b);f(a,c);f(b,c);
    printf("%d,%d,%d\n",a,b,c);
}
```

执行后输出的结果是(　　)。

A. 3,4,5   B. 5,3,4   C. 5,4,3   D. 4,3,5

6. C语言中函数返回值的类型是由(　　)决定的。

A. 调用该函数的主调函数类型

B. return 语句中的表达式类型

C. 定义函数时所指定的返回函数值类型

D. 调用函数时临时

三、编程题

1. 设计一个函数,能求一整数的各位数字之和,调用该函数计算任一输入的整数的各位数字之和。

2. 编写一个求前 n 个自然数平方和的 squ() 函数,n 由调用者传递过来。用 main() 函数加以验证。

3. 编写程序,根据每个职工的工资统计出某单位在发工资时,共需要多少张 100 元、50 元、1 元的人民币并统计出工资总额。补充完成程序中的函数,已知主函数如下:

```c
int a=0,b=0,c=0,d=0;
main()
{
    float x1,sum=0;
    printf("输入一个职工工资=");
    scanf("%f",&x1);
    while(x1!=-1.0)
    {
        bt(x1);
        sum=sum+x1;
        Printf("输入一个职工工资=");
        scanf("%f",&x1);
    }
    printf("工资总额为%.2f 其中:\n",sum);
    printf("100元共计%d张 50元共计%d张 10元共计%d张 1元共计%d张 \n",a,b,c,d);
}
```

4. 编写一函数,对一维整型数组实现由小到大的排序。

5. 用递归算法求解 $S=1+2+3+4+\cdots+N$。

结构体与共用体的应用

在实际问题中，一组数据往往具有不同的数据类型。例如，在学生登记表中，姓名应为字符型，学号应为整型或字符型，年龄应为整型，性别应为字符型，成绩应为整型或实型。显然不能用一个数组来存放这一组数据，因为数组中各元素的类型和长度都必须一致，以便于编译系统处理。为了解决这个问题，C 语言给出了除数以外的另一种构造数据类型——"结构"（structure），也叫"结构体"。

"结构"是一种构造类型，它是由若干"成员"组成的。每一个成员可以是一个基本数据类型又或者是一个构造类型。结构是一种"构造"而成的数据类型，那么在说明和使用之前必须先定义它，如同在说明和调用函数之前要先定义函数一样。

在 C 语言编程的时候，需要把几种不同类型的变量存放到同一段内存单元中。也就是使用覆盖技术，几个变量互相覆盖。这种几个不同的变量共同占用一段内存的结构，在 C 语言中被称作"共用体"类型结构，简称共用体，共用体更能反映该类型在内存中的特点。

工作任务

- 熟悉结构体。
- 扑克牌人机游戏——结构体应用。
- 共用体的使用。

技能目标

- 熟悉结构体的定义方法。
- 掌握结构体成员的使用方法。
- 掌握结构体数组的使用方法。
- 掌握共用体的语法。

任务 7.1 熟悉结构体

任务描述

在实际问题中，一组数据往往具有不同的数据类型。例如：

(1) 在程序里怎么表示一个人（学号、姓名、年龄、性别、成绩）？

（2）想表示一个班级的多个人呢？

学生的姓名为字符型；学号为整型或字符型；年龄为整型；性别为字符型；成绩为整型或实型。显然不能只用一个数组来存放这一组数据。如何解释这个问题呢？

任务分析

虽然可以使用多个数组把信息都存储起来，但是不同的数组之间建立联系是非常困难的，对数组分别赋值时容易发生错位，或者分配内存不集中；或者寻址效率不高，不容易管理。所以在实际编程中很少使用这种方式。

7.1.1　结构体数据类型的定义

C语言提供的一种构造数据类型——"结构"或叫"结构体"好比开辟了连续的存储空间，把不同类型的相关的数据存放在一起。结构体是一种复杂的数据类型，是数目固定、类型不同的若干有序变量的集合。如定义好结构体后，就可以把某一个学生的学号、姓名、性别、年龄、成绩等信息存入对应的"成员"域中了。这就相当于一个可存储不同类型数据的一维数组了，如图 7.1 所示。

code	name	sex	age	score	addr
100101	LiFun	M	18	87.5	zhuhai

图 7.1　结构体存储

对于要存储一个班多个学生的信息，可以定义一个这样的数组，把结构体作为数组的一个元素，用来存储多个学生信息，如图 7.2 所示，这就是结构体数组。在实际应用中，经常用结构数组来表示具有相同数据结构的一个群体。例如，一个班的学生档案，一个车间职工的工资表等。

student1	100102	WangLi	F	20	98.0	Guangdong

student2	100101	LiXin	M	19	90.5	Shanghai

图 7.2　结构体数组存储

定义一个结构体的一般形式如下：

```
struct 结构名
    {成员表列};
```

其中，成员表列由若干个成员组成，每个成员都是该结构的一个组成部分。对每个成员也必须作类型说明，其形式如下：

```
<类型说明符><成员名>;
```

成员名的命名应符合标识符的书写规定。例如：

```
struct stu
{
    int code;
```

```
    char name[20];
    char sex;
    int age;
    float score;
    char addr[40];
} student1,student2;
```

在这个结构定义中,结构名为 stu,该结构由 6 个成员组成。第 1 个成员为 code,整型变量;第 2 个成员为 name,字符数组;第 3 个成员为 sex,字符变量;第 4 个成员为 age,整型变量;第 5 个成员为 score,实型变量。应注意在括号后的分号是不可少的。结构定义之后,即可进行变量说明。凡说明为结构 stu 的变量都由上述 6 个成员组成。由此可见,结构是一种复杂的数据类型,是数目固定、类型不同的若干有序变量的集合。stu1、stu2 是 stu 结构类型变量,占有相同存储空间,但存储内容可不相同,它们与学生信息有关。

7.1.2　结构体类型变量的说明

说明结构变量有以下三种方法。以上面定义的 stu 为例来加以说明。

1. 先定义结构体,再说明结构类型变量

如先定义结构体 stu,再说明两个变量 stu1 和 stu2 为 stu 结构类型。

```
struct stu
{
    int num;
    char name[20];
    char sex;
    float score;
};
struct stu stu1,stu2;
```

2. 在定义结构体类型的同时说明结构变量

例如:

```
struct stu
{
    int num;
    char name[20];
    char sex;
    float score;
} stu1,stu2;
```

这种形式说明的一般形式如下:

```
struct 结构名
{
    成员表列
```

```
}变量名表列;
```

3. 在定义结构体类型的同时说明结构类型数组

例如:

```
struct stu
{
    int num;
    char name[20];
    char sex;
    float score;
}boy[50],stu1,stu2;
```

先定义结构体 stu,再定义说明有 50 个元素的 boy 数组和 2 个 stu1、stu2 变量。

7.1.3   结构体变量成员的引用

一般对结构体变量的使用,包括赋值、输入、输出、运算等都是通过结构体变量的成员来实现的。表示结构体变量成员的一般形式如下:

结构变量名.成员名

例如:

```
stu1.num                    //第一个人的学号
stu2.sex                    //第二个人的性别
```

如果成员本身又是一个结构则必须逐级找到最低级的成员才能使用。例如:

```
stu1.birthday.month
```

即第一个人出生的月份的结构体变量成员可以在程序中单独使用,与普通变量完全相同。

7.1.4   结构体变量的赋值与初始化

结构体变量的赋值就是给各成员赋值,可用输入语句或赋值语句来完成。例如:

```
stu1.sex='m';               //赋值语句
stu2.num=12;
scanf("%d",&temp.age);      //输入语句赋值
```

对结构体数据类型的初始化操作可以在定义的同时进行。例如:

```
struct node
{
    int code;
    char name[20];
    char type;
    int age;
```

```
    int chinese;
    int math;
    int total;
}stu1,stu2={1,"liping",'m',20,80,85,0};
```

在这里声明了两个结构体变量 stu1 和 stu2,其中 stu1 只有变量说明,而 stu2 在声明的同时进行了初始化操作。

7.1.5　结构体数组的说明与初始化

数组的元素也可以是结构体类型的,因此可以构成结构数组。结构数组的每一个元素都是具有相同结构类型的下标结构变量。在实际应用中,经常用结构数组来表示具有相同数据结构的一个群体。例如,学生管理系统中定义的结构数组 stu。

```
struct node
{
    int code;
    char name[20];
    char type;
    int age;
    int chinese;
    int math;
    int total;
}stu[100];
struct node stu1[50];
```

这里就定义了一个数据元素为 100、类型为 struct node 的结构数组。也可以在定义结构体后再定义一个数组名为 stu1 的结构数组。

任务7.2　扑克牌人机游戏——结构体应用

▍任务描述

设计一个扑克纸牌游戏程序。创建一副 54 张扑克牌,并完成计算机洗牌,用户选择计算机发牌(如人、机各 5 张),计算机进行显示牌点、比较牌点大小并判定输赢等基本操作。

▍任务分析

一副扑克牌共 54 张,不能有重复。每张牌有花色、点数,另外还有大王、小王。比较牌的大小时先看点数,其中,大王>小王>其他花色的牌,2 为最小的牌,其他的点数大的为胜。如果点数相同,就看花色,按黑桃>红桃>梅花>方块的顺序排序。

7.2.1　程序设计流程

定义数组 d[54],存放纸牌对应的数值 1~54,53、54 代表小王、大王,1~13 为方块,14~26 为梅花,27~39 为红桃,40~52 为黑桃。

为了保证抽取的纸牌不重复,保持 d[54]中的内容不重复即可,洗牌只要将 d[54]中的元素次序变换,通过下标随机交换。选取纸牌 5 张时,先由计算机选 5 张,然后选 5 张分配给人,这样取纸牌就不会重复,但只是对应扑克纸牌的数值。

定义一个 int(int n)函数,将数值换成纸牌信息并存入结构体中,便于显示、打印、比较大小。

定义纸牌结构 Card 及结构体数组 poker 和 d。两个数组分别用于存放初始的 54 张纸牌,以及洗纸牌后抽取的双方纸牌。

```
struct Card
{
    char color;              /* 纸牌花色 */
    int c_value;             /* 纸牌花色值 */
    char face;               /* 纸牌字符 */
    int f_value;             /* 纸牌值 */
}poker[54],d[54];
```

比较大小时,先按 int f_value 值(纸牌点数)比较大小,如果相同,就按 int c_value 值(纸牌的花色)比较。

为了便于比较纸牌点数的大小,设计时,小王、大王的 f_value 分别为 53、54,2~K 的 f_value 分别为 2~13,A 的 int f_value 为 14。c_value 为纸牌花色值,1、2、3、4 分别对应方块、梅花、红桃、黑桃。

程序流程如图 7.3 所示。

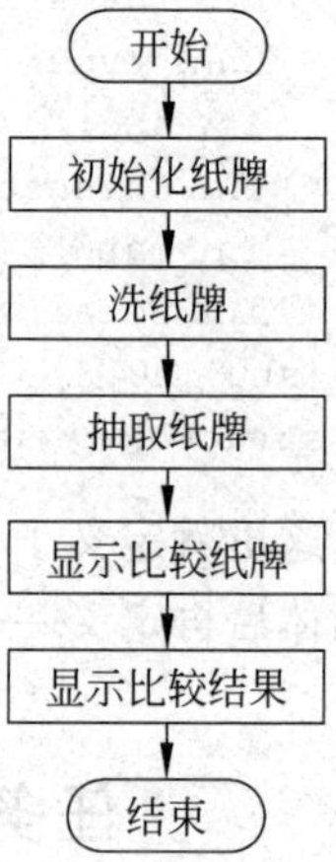

7.2.2 程序代码

程序代码如下:

```
#include <stdio.h>
struct Card
{
    char color;              /* 纸牌花色 */
    int c_value;             /* 纸牌花色值 */
    char face;               /* 纸牌字符 */
    int f_value;             /* 纸牌值 */
}poker[54],B[54];
struct Card temp;

void init(int n)                          /* 用于将数值存为牌面花色值 */
{
    if(n==53||n==54)                      /* 54 为大王,53 为小王 */
        if(n==53){
            temp.color='B';
            temp.c_value=1;
            temp.face='t';
            temp.f_value=53;}
        else {
            temp.color='R';
            temp.c_value=2;
```

开始
↓
初始化纸牌
↓
洗纸牌
↓
抽取纸牌
↓
显示比较纸牌
↓
显示比较结果
↓
结束

图 7.3 扑克牌人机游戏程序流程

```
            temp.face='T';
            temp.f_value=54;}
    else
    {
        if(n<=13){ temp.color=4;
                   temp.c_value=1;}                    /*纸牌花色方块*/
        else if(n<=26){
                       temp.color=5;
                       temp.c_value=2;}                 /*纸牌花色梅花*/
        else if(n<=39){
                       temp.color=3;
                       temp.c_value=3;}                 /*纸牌花色红桃*/
        else if(n<=52){
                       temp.color=6;
                       temp.c_value=4;}                 /*纸牌花色黑桃*/

        if(n%13==1){
                    temp.face='A';
                    temp.f_value=14;}                   /*纸牌值A*/
        else if(n%13>=2 && n%13<=9){
                                    temp.face='0'+n%13;
                                    temp.f_value=n%13;}  /*纸牌值2~9*/
        else if(n%13==10){
                          temp.face='0';
                          temp.f_value=10;}             /*纸牌值10*/
        else if(n%13==11){
                          temp.face='J';
                          temp.f_value=11;}             /*纸牌值J*/
        else if(n%13==12){
                          temp.face='Q';
                          temp.f_value=12;}             /*纸牌值Q*/
        else if(n%13==0){
                         temp.face='K';
                         temp.f_value=13;}              /*纸牌值K*/
    }
}
print( struct Card A[],int n)                           /*用于打印牌面花色和大小*/
{
    int i;
    for(i=1;i<=n;i++)
    if(A[i].face=='0')printf("%c1%c ",A[i].color,A[i].face); /*用于打印牌面10(双数)*/
        else printf("%c%c ",A[i].color,A[i].face);      /*用于打印非10的牌面*/
}

main()
{
    int t,j,i,n,sum=0;
    int d[54];
    for(i=1;i<=54;i++){                                 /*初始化1~54整数数组*/
```

```
        d[i]=i;
    }

    for(i=1;i<=54;i++)                              /*初始化结构数组*/
    {
      init(i);
      poker[i].color=temp.color;
      poker[i].c_value=temp.c_value;
      poker[i].face=temp.face;
      poker[i].f_value=temp.f_value;
    }

    print(&poker[0],54);                            /*打印结构数组*/

    srand(time(0));                                 /*随机种子*/
    for(i=1;i<=54;i++)                              /*交换数组元素,洗牌*/
    {
      j=rand()%54+1;
      t=d[j];d[j]=d[i];d[i]=t;
    }
    for(i=1;i<=54;i++)                              /*交换后数组转为对应结构体数组*/
    {
      init(d[i]);
      B[i].color=temp.color;
      B[i].c_value=temp.c_value;
      B[i].face=temp.face;
      B[i].f_value=temp.f_value;
    }

    printf("\n Please input poker Card Number n<26: ");   /*选择纸牌张数*/
    scanf("%d",&n);
    if(n>54/2)
    printf("You input poker Card Number n>26 Error ");
    else{
      printf("\n computer Card :"); print(&B[0],n);
      printf("\n you Card :"); print(&B[0+n],n);

      for(i=1;i<=n;i++)                             /*比较结构数组元素*/
      {
          if( B[i].f_value>B[i+n].f_value) sum=sum+1;
          else if( B[i].f_value==B[i+n].f_value &&B[i].c_value>B[i+n].c_value)
              sum=sum+1; }
          if(sum>n/2) printf("\n computer win ");
          else printf("\n computer lose ");
      }
      getch();
}
```

程序运行结果如下：

```
♣A    ♣2    ♣3    ♣4    ♣5    ♣6    ♣7    ♣8    ♣9    ♣10   ♣J    ♣Q    ♣K    ♠A    ♠2    ♠3    ♠4    ♠5    ♠6    ♠7
♠8    ♠9    ♠10   ♠J    ♠Q    ♠K    ♥A    ♥2    ♥3    ♥4    ♥5    ♥6    ♥7    ♥8    ♥9    ♥10   ♥J    ♥Q    ♥K    ♦A
♦2    ♦3    ♦4    ♦5    ♦6    ♦7    ♦8    ♦9    ♦10   ♦J    ♦Q    ♦K    Bt    RT
Please input poker Card Number n<26:  6

computer Card :♥5    ♦9    ♠A    ♠8    ♠7    ♠10
you      Card :♦7    ♦10   ♣4    ♣6    ♣4    ♥10
  computer win  _
```

【课堂思考】

如果改变游戏规则，纸牌 2 要大于纸牌 A，纸牌 A 大于纸牌 K 而小于王牌，应如何设计处理呢？

【技能训练】

要求编写一个管理 QQ 会员信息的小项目，具体要求如下。

(1) 每个 QQ 会员的信息包含会员名称、性别、年龄、Q 币余额和会员期限这五项信息。

(2) 编写查看会员信息的函数，要求能实现按照会员名称查找的功能。

(3) 打印所有会员信息的函数。

任务 7.3　共用体类型

共用体的定义和结构体类似，不过结构体的各个成员都会分配相应的内存空间，而共用体的所有成员共享一段内存，它们的起始地址一样，并且同一时刻只能使用其中的一个成员变量。

对共用体的成员的引用与结构体成员的引用相同。共用体方便程序设计人员在同一内存区对不同数据类型的交替使用，增加了灵活性，也节省了内存。

所谓共用体类型是指将不同的数据项组织成一个整体，它们在内存中占用同一段存储单元。

共用体定义的一般格式如下：

```
union 共用体名{
    成员列表
};
```

例如，下面定义了一个共用体。

```
union data
{
    int a;
    float b;
    double c;
    char d;
}obj;
```

该形式定义了一个共用体数据类型 union data，定义了共用体数据类型变量 obj。共用体数据类型与结构体在形式上非常相似，但其表示的含义及存储是完全不同的。

7.3.1 共用体数据类型的定义

先看一个例子,比较结构体和共用体占用的内存空间。

```
struct stud                /*结构体 */
{
    int a;
    float b;
    double c;
    char d;
};
union data                 /*共用体 */
{
    int a;
    float b;
    double c;
    char d;
}mm;
main()
{
    struct stud student;
    printf("%d,%d", sizeof(union data),sizeof(struct stud));
}
```

程序运行结果如下:

8,15

程序的输出说明结构体类型所占用的内存空间为其各成员所占存储空间之和,而形同结构体的共用体类型实际占用存储空间为其最长的成员所占的存储空间。

7.3.2 共用体数据类型的应用

引用共用体变量的成员,其用法与结构体完全相同。若定义共用体类型如下:

```
union data                 /*共用体 */
{
    int a;
    float b;
    double c;
    char d;
}mm;
```

其成员引用为 mm.a、mm.b、mm.c、mm.d。需要注意的是,不能同时引用 4 个成员,在某一时刻只能使用其中的一个成员。

```
main()
{
    union data
    {
```

```
        int a;
        float b;
        double c;
        char d;
    }mm;
    mm.a=6;
    printf("%d\n",mm.a);
    mm.c=67.2;
    printf("%5.1lf\n", mm.c);
    mm.d='W';
    mm.b=34.2;
    printf("%5.1f,%c\n",mm.b,mm.d);
}
```

程序运行结果如下：

```
6
67.2
34.2,?
```

程序最后一行的输出是我们无法预料的，因为"mm.d='W'；mm.b=34.2；"两个连续的赋值语句最终使共用体变量的成员 mm.b 所占的 4 字节被写入 34.2，而使已经写入的字符被覆盖了，输出的字符却变成了符号"?"。事实上，字符的输出结果是无法得知的，由写入内存的数据决定。

共用体类型数据的特点如下。

（1）同一个内存段可以用来存放几种不同类型的成员，但是在每一瞬间只能存放其中的一种，而不是同时存放几种。换句话说，每一瞬间只有一个成员起作用，其他的成员不起作用，即不是同时都存在和起作用。

（2）共用体变量中起作用的成员是最后一次存放的成员。在存入一个新成员后，原有成员就失去了作用。

（3）共用体变量的地址和它的各个成员的地址都是同一地址。

（4）不能对共用体变量名赋值，也不能企图引用变量名来得到一个值，并且不能在定义共用体变量时对它进行初始化。

（5）不能把共用体变量作为函数参数，也不能是函数带回共用体变量，但可以使用指向共用体变量的指针。

（6）共用体类型可以出现在结构体类型的定义中，也可以定义共用体数组。反之，结构体也可以出现在共用体类型的定义中，数组也可以作为共用体的成员。

归纳与总结

知识点

（1）结构体是一种复杂的数据类型，是数目固定、类型不同的若干有序变量的集合。定义结构体的格式如下：

```
struct 结构名
{
    成员表列
}变量名表列;
```

一般对结构体变量的使用,包括赋值、输入、输出、运算等,都是通过结构体变量的成员来实现的。表示结构体变量成员的一般形式如下:

结构变量名.成员名

(2)共用体类型是指将不同的数据项组织成一个整体,它们在内存中占用同一段存储单元。其定义形式如下:

```
union 共用体名
{
    成员表列
}变量名表列;
```

共用体数据类型与结构体在形式上非常相似,但其表示的含义及存储是完全不同的。union 所占的内存大小由最大的那个数据类型决定。

能力点

(1)掌握结构体和共用体的定义方法。
(2)会说明或引用结构体和共用体变量,并学会为其赋值和初始化。

拓 展 阅 读

结构体是一种复合数据类型,可以包含不同类型的数据成员,通常用于组织和管理一组相关的数据。

党的二十大报告中强调了教育、科技、人才的重要性。结构体就像我们建设社会主义现代化国家的基石,它将不同的元素有机地组合在一起,形成一个统一而强大的整体。正如我们的教育系统,培养德、智、体、美、劳全面发展的社会主义建设者和接班人。

本模块要求开发的一个学生信息管理系统,可以定义一个 Student 结构体,用来存储学生的个人信息、成绩和兴趣爱好等。在系统开发过程中,一定会遇到不少问题,需要同学们坚持不懈地调试和修正,并最终解决问题,这个过程则体现了党的二十大报告中提到的"敢于斗争、敢于胜利"的精神。

习　题　7

一、填空题

1.分析程序运行的结果。程序如下:

```
main()
```

```
{
    union
    {
        char ch[2];
        int d;
    }s;
    s.d=0x4321;
    printf("%x,%x\n",s.ch[0],s.ch[1]);
}
```

该程序的输出为_____。

2. 变量 a 所占的内存字节数是_____（假设整型 int 为 4 字节）。

```
struct stu
{
    char name[20];
    long int n;
    int score[4];
} a;
```

3. 变量 a 所占的内存字节数是_____（假设整型 int 为 4 字节）。

```
union stu
{
    char name[20];
    long int n;
    int score[4];
} a;
```

二、编程题

1. 一名学生的基本信息是：学号、姓名、性别、年龄、电话，现要存放 5 名同学的信息，编程实现并输出各项信息。

2. 编写一个程序，利用结构体数组，输入 10 名学生的档案信息，包括姓名（name）、数学成绩（math）、物理成绩（physics）、语言成绩（language），计算每名学生的总成绩并输出数据。

指　针

在前面的模块中,可以直接通过变量名访问变量。本模块引入指针的概念,提供另外一种间接访问变量的方法。指针能帮助人们更方便地使用数组和字符串,为 C 语言动态内存分配、创建动态数据结构(例如,链表、队列、二叉树等)提供支持。

工作任务

- 使用指针计算圆的面积——指针的定义。
- 猜数游戏——指针指向一维数组的应用。
- 字符串纠正程序——指针指向字符串。
- 猜牌游戏——指针的简单综合应用。

技能目标

- 学会定义指针变量并为其赋初值。
- 能够利用指针访问变量。
- 能够利用指针访问一维数组。
- 会用指针访问字符数组与字符串。
- 了解指向结构体变量的指针。
- 理解指针变量与普通变量作为函数参数的异同。

任务 8.1　使用指针计算圆的面积——指针的定义

任务描述

使用指针,从键盘输入圆的半径 r 的值,并使用指针计算圆的面积 s。

任务分析

1. 定义指针变量

先定义两个 float 类型的变量(半径 r 和面积 s),再定义两个指针变量 pr 和 ps,分别指向变量 r 和变量 s。

2. 数据计算

用 pr 从键盘接收用户输入的半径,用 *pr 间接访问变量 r 的值。利用圆面积公式进行计算,并将计算结果赋值给 * ps,以改变变量 s 的值,再通过 * ps 或 s 输出圆的面积。

利用前面所学的知识,编写出以下计算圆的面积的程序。

```
#include <stdio.h>
#define PI 3.14;
main()
{
    float r,s;
    printf("请输入半径:");
    scanf("%f",&r);
    s=PI * r * r;
    printf("圆的面积为:%0.2f平方厘米",s);
}
```

8.1.1　指针与指针变量

以上程序确实能正确计算圆的面积。在上述程序中,当需要从键盘输入一个值给半径 r 时,给出 scanf("%f",&r)语句,这条语句中的"&"符号具有什么意义呢? 能否去掉? 在模块 2 介绍输入/输出语句时,给出过"&"符号的意义,它是一个取地址运算符。那什么是地址呢?

要了解地址,需要先弄清楚数据在内存中是如何存储的。内存是一个存储数据的仓库,由一系列连续的存储单元组成,内存中的 1 字节称为一个存储单元,每个存储单元由一个唯一的内存地址来标识。内存地址是一个无符号整数(通常用十六进制数表示)。在程序中声明一个变量时,C 语言程序会在内存中为其分配存储区域,至于这个存储区域占几字节,由变量的数据类型决定,如短整型数据占 2 个单元,字符数据占 1 个单元,浮点型数据占 4 个单元。当为这个变量赋值之后,存储区域中的数据便是这个变量的值。例如,声明一个 float 类型的变量,float data=20.56,那么 C 语言程序就会在内存中为其开辟 4 字节的存储区域,假设首字节的内存地址(通常叫起始地址或首地址)是 65493,那么变量 data 在内存中的存储情况如图 8.1 所示。

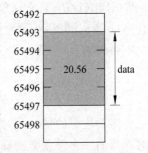

图 8.1　变量 data 在内存中的存储情况

由图 8.1 可以看出,变量 data 在内存中占用 65493～65497 这段连续的存储区域。通常一个变量的地址均指其在内存中的起始地址,那么变量 data 的地址就为 65493。地址在内存中起一个指向的作用,犹如罗盘里的指针指明前进的方向,这正是形象地称一个变量的地址为指针的原因。即地址就是指针,指针就是地址。通过变量 data 的地址 65493 就能找到变量 data 的存储单元,从而访问变量 data 的值,可以说地址 65493 指向变量 data。65493 是一个地址常量,如果把它存放到一个变量中,那么该变量就是一个指针变量,65493 就是该指针变量的值,也可以说该指针变量指向变量 data。

一个指针是一个地址,是一个常量。而指针变量是一种专门存放其他变量在内存中地址的特殊变量,它的值是变量的地址(而非变量的值)。一个指针变量可以被赋予不同的指针值,这些指针值又可以是变量。定义指针变量的目的是通过指针去访问内存单元。

C语言用指针可实现对数据的间接存取。可以这样理解,"指针"是指地址,是常量,"指针变量"是指取值为地址的变量。

既然指针变量的值是一个地址,那么这个地址不仅可以是变量的地址,也可以是构造类型数据的地址,如数组、结构体等。数组或结构体数据在内存中占用连续的内存单元,因而当一个指针变量指向一个数组或结构体数据时,指针变量的值就是数组或结构体数据的首地址。

8.1.2　指针变量的定义

一个指针变量的值就是某个变量的地址或称为某变量的指针。对指针变量的定义包括三个内容。

(1) 指针类型说明,即定义变量为一个指针变量,用"＊"表示。

(2) 指针变量名。

(3) 变量值(指针)所指向的变量的数据类型。

定义指针变量的一般形式如下。

　　类型说明符　＊　指针变量名

其中,＊表示定义的是一个指针变量,类型说明符表示该指针变量所指向的变量的数据类型,可以是 int、float、char 等数据类型。

例如,"int ＊ p;"定义了一个指针变量 p,简称指针 p,p 是变量名,int ＊ 是类型,表示 p 仅能指向 int 类型的变量。特别要注意的是,此处的"＊"并不是指针运算符,不用来取 p 所指向变量的值,它仅仅代表 p 是一个指针变量。p 中保存一个地址,此时这个地址是什么(p 指向哪里)? 这涉及指针变量的初始化,即让指针变量指向谁。

再例如:

```
float * pr;          //pr 是指向浮点型变量的指针变量
char * point;        //point 是指向字符型变量的指针变量
```

需要注意的是,一个指针变量只能指向同类型的变量,如 pr 只能指向浮点变量,不能时而指向一个浮点型变量,时而又指向一个字符变量。

8.1.3　指针变量的初始化

指针变量同普通变量一样,使用之前不仅要定义说明,而且必须赋予具体的值。未经赋值的指针变量不能使用,否则将造成系统混乱,甚至死机。指针变量的赋值只能赋予地址,绝不能赋予任何其他数据,否则将引起错误。

为了表示指针变量和它所指向的变量之间的关系,下面先介绍两个与指针有关的运算符:"＆"和"＊"。

(1) "＆"为取地址运算符,顾名思义,就是取出某个变量在内存中的地址。其一般形式如下:

　　＆ 变量名;

如 &a 表示变量 a 的地址,&b 表示变量 b 的地址,变量本身必须预先声明。注意,不能对一个常量使用"&",即 &60 是错误的。

(2)"*"为指针运算符,或称"间接访问"运算符,也称取内容符。

假设有指向整型变量的指针变量 p,但 p 究竟指向哪一个整型变量,还取决于将哪个整型变量的地址赋予 p,即变量 p 中的值是谁的地址。如要把整型变量 a 的地址赋予 p,可以有以下两种方式。

① 指针变量初始化的方式

```
int a;
int * p=&a;
```

② 赋值语句的方式

```
int a;
int * p;
p=&a;
```

特别要注意的是,不允许把一个数赋予指针变量,故下面的赋值是错误的。

```
int * p;
p=1000;
```

被赋值的指针变量前不能再加"*"说明符,下面的赋值也是错误的。

```
int a;
int * p;
* p=&a;
```

要使用变量 a,既可以直接通过变量名 a 访问,也可以通过 *p 来访问变量。"*"运算符用来取出指针变量所指向的变量的值,那么"*p"就是取出指针变量 p 所指向的变量 a 的值。*p 就像普通的变量一样使用,它和 a 等价,但寻址方式不同。通过 a 取出变量的值叫直接(访问)寻址,即直接按变量地址来存取变量内容。通过先取出指针变量的值,再按照该值来存取它所指向的变量的方式叫间接(访问)寻址。

p 作为指针变量,其值可以不断发生变化,因此也就可以动态(任意)地指向不同内存,从而使 *p 代表不同的变量。例如,刚开始 p 指向 a,通过 p=&b 语句,可以使 p 的指向发生变化,即 p 指向 b,通过 *p 取到的就变成 b 的值。

在使用指针变量前,一定要对指针变量进行初始化,即要清楚指针变量的指向,这也是指针的使用原则,不然容易产生越界、非法内存存取、地址访问受限、非法指令等错误,甚至导致系统蓝屏、死机等故障。

当不知道指针指向何处时怎么办?最简单的方法就是将其值设为 NULL。C 语言中把 NULL 称为空指针,表示"未分配"或者"尚未指向任何地方"的指针。空指针在概念上不同于未初始化的指针。空指针可以确保不指向任何变量或函数,而未初始化指针则可能指向任何地方。

8.1.4 程序代码

利用指针输入圆的半径,即使用指向变量 r 的指针变量 pr 进行输入。利用指针输出

圆的面积,即使用指向变量 s 的指针变量 ps 输出圆的面积。程序代码如下:

```
#include <stdio.h>
#define PI 3.14
main()
{
    float r,s;
    float * pr, * ps;
    pr=&r;
    ps=&s;
    printf("请输入圆的半径(单位为厘米): ");
    scanf("%f",pr);
     * ps=PI * ( * pr) * ( * pr);
    printf("-----------------------------------\n");
    printf("面积 s 的值为%.2f 平方厘米\n", * ps);
}
```

程序运行结果如图 8.2 所示。

```
请输入圆的半径(单位为厘米):  3.2
面积s的值为32.15平方厘米
Press any key to continue
```

图 8.2 "使用指针计算圆的面积"程序运行结果

【课堂思考】

(1) 如果将上述程序第 11 行 * ps=PI * (* pr) * (* pr)改为 * ps=PI * (r) * (r)可以吗? 改为 * ps=PI * (* pr) * (r)或 ps=PI * (* pr) * (* pr)呢?

(2) 如何输出变量 r 和变量 s 的内存地址?

任务 8.2　猜数游戏——指针指向一维数组的应用

任务描述

由计算机随机生成 1、2、3(三个数不重复),但顺序不确定。用户猜这三个数的顺序,猜中一个数,奖励免费游欢乐世界门票一张;猜中三个数,奖励 NBA 球星冠名球衣一件;一个都没有猜中,向用户表示遗憾。

任务分析

1. 数据存储

用数组 computerNum[3]存储计算机随机产生的 1、2、3,用数组 caiNum[3]存储用户所猜的 3 个数,用变量 flag 标记猜中数字的个数。

2. 数据处理

用 swap(* q)函数将指针 q 所指向的数组中的各元素随机调换位置。具体思路:先将三个数(1,2,3)存入数组 computerNum[3]中,由计算机随机产生一个数(取值为 0~2),

以确定第一个需要交换的元素位置,将该位置的元素与其前面一个元素或者它本身进行交换。多次随机交换位置,来生成一组随机数。

由用户依次从键盘中输入 1、2、3 三个数字,顺序由用户来定,并将用户输入的这三个数字保存在数组 caiNum[3] 中。逐个比较 caiNum[3] 和数组 computerNum[3] 中的元素,相同则猜对,不同则猜错,并将猜对的次数记录在 flag 变量中。最后,根据用户猜对的次数,即 flag 变量的值,给予不同的奖励。

以上思路用流程图描述如图 8.3 所示。

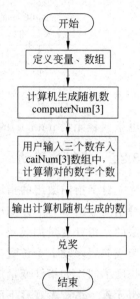

图 8.3 猜数游戏的程序流程

8.2.1 指针指向数组

一个变量有一个地址,一个数组包含若干元素,每个数组元素都在内存中占用存储单元,它们都有相应的地址。所谓数组的指针是指数组的起始地址,数组元素的指针是数组元素的地址。数组元素在内存中的地址是连续的,即数组占用内存一段连续的存储空间,数组名就是这段连续空间的首地址,它是指针常量,而非变量,指向数组第一个元素。

定义一个指向数组元素的指针变量的方法,与以前介绍的指针变量相同。例如:

```
int num[9];        /*定义 num 为包含 9 个整型数据的数组 */
int * p;           /*定义 p 为指向整型变量的指针 */
```

应当注意,因为数组为 int 型,所以指针变量也应为指向 int 型的指针变量。下面是对指针变量赋值。

```
p=&num[0];
/*把 num[0]元素的地址赋给指针变量 p,即 p 指向 num 数组的第 0 号元素 */
```

一维数组的数组名是连续空间的首地址,也就是第一个数组元素的地址,那么数组名 num 和 &num[0] 是一样的。下面这两条语句是等价的。

```
p=num;
p=&num[0];
```

在定义指针变量时可以直接赋初值。

```
int * p=&num[0];         /*等价于 int * p=num; */
```

它等价于

```
int * p;
p=&num[0];
```

执行以上语句后,num 数组在内存中的存储如图 8.4 所示。

从图 8.4 可以看出:p、num、&num[0] 均指向同一单元,它们是数组 num 的首地址,

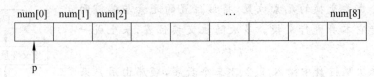

图 8.4　数组 num 的内存结构

也是 0 号元素 num[0]的地址。应该说明的是：p 是变量，而 num、&num[0]都是常量。

8.2.2　指针的移动

对于指向数组的指针变量，可以加上或减去一个整数 n，来实现指针的移动。假设 pa 是指向数组 a 的指针变量，则 pa+n、pa−n、pa++、++pa、pa−−、−−pa 运算都是合法的。指针变量加或减一个整数 n 的意义是把指针指向的当前位置(指向某数组元素)向前或向后移动 n 个位置。因为数组可以有不同的类型，各种类型的数组元素所占的字节长度不同。如指针变量加 1，意味着指针向后移动 1 个位置，表示指针变量指向下一个数组元素。请读者观察下面程序的输出结果。

```c
#include <stdio.h>
main()
{
    int a[5], * pa;
    pa=a;
    pa=pa+2;
    printf("数组首地址是%x\n",a);
    printf("a[2]的地址是%x\n",a+2);
    printf("a[2]的地址是%x\n",&a[2]);
    printf("a[2]的地址是%x\n",pa);
}
```

8.2.3　通过指针引用数组元素

在以前，遍历数组元素都是通过下标法实现的，如 a[i]。一维数组的每一个元素也是变量。前面已经介绍用指针如何访问一般的变量，那么能不能通过指针来访问一维数组的元素呢？

下面分别通过下标法、数组名地址法、指针法三种方法来访问一维数组元素。

(1) 下标法：用 a[i]或 p[i]来引用数组 a 中的第 i 个元素。

【例 8.1】　用下标法输出数组的全部元素。

```c
#include <stdio.h>
main()
{
    int a[10]={1,2,3,4,5,6,7,8,9,10},i;
    for(i=0;i<10;i++)
        printf("%d\n",a[i]);
}
```

（2）数组名地址法：用＊（a＋i）或＊（p＋i）来访问数组中的第 i 个元素。

【例 8.2】 用数组名地址法输出数组的全部元素。

```
#include <stdio.h>
main()
{
    int a[10]={1,2,3,4,5,6,7,8,9,10},i;
    for(i=0;i<10;i++)
        printf("%d\n", * (a+i));
}
```

或者写为

```
#include <stdio.h>
main()
{
    int a[10]={1,2,3,4,5,6,7,8,9,10},i;
    int * p;
    p=a;
    for(i=0;i<10;i++)
        printf("%d\n", * (p+i));
}
```

需要注意的是，＊（a＋i）与 a[0] 完全等价。

（3）指针法：＊p 取值之后 p 移动，如 p 指向 a[0]，则 p＝p＋1 之后，p 指向 a[1]。

【例 8.3】 用指针法输出数组的全部元素。

```
#include <stdio.h>
main()
{
    int * p,a[10]={1,2,3,4,5,6,7,8,9,10};
    for(p=a;p<a+10;p++)
        printf("%d\n", * p);
}
```

8.2.4 指针变量作为函数的参数

函数定义和调用可用指针变量作为形参或实参，调用时采用指针变量作为实参，此时向被调函数传递的是地址。被调函数对该地址所指向的数组或变量进行修改后，主调函数中的数组或变量的内容也改变了，因为它们修改的是同一段内存空间中的值。

【例 8.4】 使用函数和指针，将数组各元素加 1 并输出改变后的数组元素。

```
#include <stdio.h>
void change(int * pa);                //函数原型声明
main()
{
    int sco[5],av, * sp;
    int i;
    sp=sco;                           //使指针变量 sp 指向数组 sco
```

```
        printf("\n 请输入 5 个数:\n");
        for(i=0;i<5;i++)
            scanf("%d",&sco[i]);
        change(sp);                        //此处也可以用数组名 sco 做实参
        printf("\n 修改后的 5 个数:\n");
        for(i=0;i<5;i++)
            printf("%d\t",sco[i]);
    }

    void change(int * pa)
    {
        int * p=pa+5;
        for(;pa<p;pa++)
            (* pa)++;
    }
```

8.2.5　程序代码

猜数游戏的程序代码如下：

```
#include <stdio.h>
#include <stdlib.h>
#include <time.h>
void swap(int * q)
{
    int i,j,t, * p=q;
    srand(time(0));
    for(i=0;i<5;i++)
    {
        j=rand()%3+0;
        t= * (p+j); * (p+j)= * p; * p=t;
    }
}

main()
{
    int computerNum[3]={1,2,3};       /* computerNum[3]用来存储计算机生成的随机数 */
    int caiNum[3];                    /* 存储用户猜的数 */
    int flag=0;                       /* 用于标记猜中数字的个数 */
    int i, * p=computerNum;           /* 使 p 指向数组 computerNum */
    printf("***************欢迎进入猜数游戏***************\n");
    swap(p);
    printf("请分别输入 1~3 中不重复的三个数:\n");
    for(i=0;i<3;i++)
    {
        printf("第%d 个数:",i+1);
        scanf("%d",&caiNum[i]);       /* 也可写成 scanf("%d",caiNum+i); */
        if( * (caiNum+i)== * (computerNum+i)) flag++;
```

```
    }
    printf("计算机随机数分别是:");
    for(i=0;i<3;i++)
        printf("%d ",*(p++));          /*用指针变量自加自减的方式进行移动*/
    switch(flag)
    {
        case 0:
            printf("\n很遗憾,你没猜中,请继续加油哦!\n");
            break;
        case 1:
            printf("\n你猜中了%d个数,奖励免费游欢乐世界门票一张!\n",flag);
            break;
        case 3:
            printf("\n你猜中了%d个数,奖励NBA球星科比冠名球衣一件!\n",flag);
    }
}
```

"猜数游戏"程序运行结果如图8.5所示。

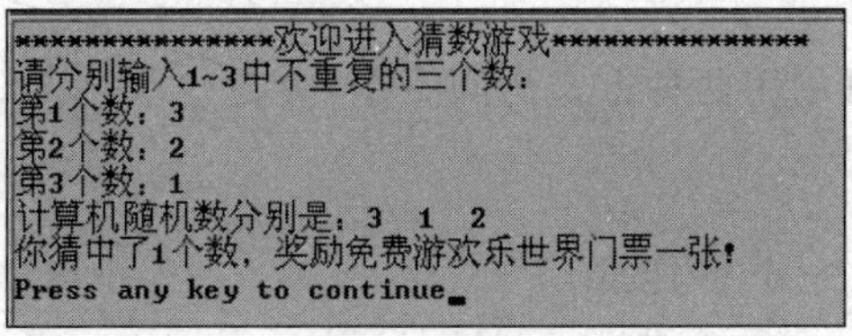

```
*******************欢迎进入猜数游戏*******************
请分别输入1~3中不重复的三个数:
第1个数: 3
第2个数: 2
第3个数: 1
计算机随机数分别是: 3  1  2
你猜中了1个数, 奖励免费游欢乐世界门票一张!
Press any key to continue_
```

图8.5 "猜数游戏"程序运行结果

【课堂思考】

(1) 上面程序中"printf("%d",*(p++))"能不能写成"printf("%d",*(computerNum++));"?

数组名是地址常量,常量不可以自加自减。指针变量是指向变量的指针,它可以被赋予不同的指针值,是变量,有类型,加1表示指向在原来基础上增加一个数据类型长度的地址。指针变量既可以加上一个整数,也可以减去一个整数。"指针+整数"用于将指针"向后移动 sizeof(指针类型)×整数"个内存单元,而"指针-整数"用于将指针"向前移动 sizeof(指针类型)×整数"个内存单元。

(2) "for(i=0;i<3;i++) printf("%d",*(p++));"能写成下面的形式吗?还有没有其他的写法吗?

```
for(p=computerNum;p<computerNum+3;p++) printf("%d",*p);
```

(3) 已知一个整型数组 a[10]={6,7,8,9,10,11,12,13,17,30}。要求编写一个程序,利用指向数组的指针,计算数组中所有元素之和。

(4) 已知一个整型数组 a[10]={6,7,8,9,10,11,12,13,17,30}。要求编写一个函数,利用指向数组的指针作为参数,对数组进行排序、输出。

任务 8.3   字符串纠正程序——指针指向字符串

任务描述

一些人习惯将每个单词首字母大写,例如,将"I love programming!"写成"I Love Programming!"。要求:编写一个程序将"I Love Programming!"转换成规范形式"I love programming!",用指针实现。

任务分析

利用指针对字符串中的每一个字符进行遍历,并逐个判断,如果这个字符的前一个字符为空格,且它本身又是大写,则需要转换为相应的小写字母。程序流程如图 8.6 所示。

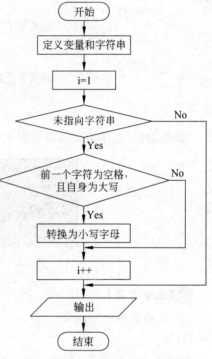

图 8.6   字符串纠正的程序流程

8.3.1   字符串的表示形式

在 C 语言程序中,可以用两种方式访问一个字符串。

1. 用字符数组存放一个字符串

例如,将字符串"department"存入字符数组 as 中,程序代码如下:

```
char as[12]="department";
char as[]="department";
```

需要注意的是,char as[12]="department";这种写法一定要保证数组的长度一定要比字符串的实际长度至少大 1,不然会发生错误。有下面的写法:

```
char as[12];
as="department ";
as[12]="department ";
```

其中,as="department"语句中 as 作为数组名,是一个地址常量,不能对它进行赋值,所以这样写是错误的。as[12]="department"语句中 a[12]离开 char a[12]这种定义的环境,表示的是数组的一个元素,但是该数组元素是 a[0]到 a[11],并不包含 a[12],所以也是错误的。as 是数组名,as[4]就是 *(as+4)。as+4 是一个地址,指向字符 r。

2. 用字符指针指向一个字符串

可以不定义字符数组,而定义一个字符指针,指向字符串。其形式如下:

```
char * p="computer";
```

上面定义了一个字符指针变量 p,用字符串常量 computer 对它进行初始化。其实质是把字符串中第一个字符的首地址(即存放字符串的字符数组的首元素地址)赋给 p,所以不要误认为 p 是一个字符串变量,里面包含 computer 这个字符串常量。它其实等价于:

```
char * p;
p="computer";
```

p 是一个指向字符串的指针变量,且 p 指向 computer 字符串中第一个字符 c,即 p 中存放的是第一个字符 c 的地址。

【例 8.5】 如果一个字符串正过来读和倒过来读是一样的,那么这个字符串就被称作回文串。请编写一个程序,判断字符串 MADAM 是否是回文串。

```c
#include <stdio.h>
main()
{
    char name[6]="MADAM";
    //也可写成 char name[5]={'M','A','D','A','M'};也可写为 char * name="MADAM";
    int flag=1;
    char * start=name, * end=name+4;
    for(;start <=end;start++,end--)
    {
        if( * start != * end)
        {
            flag=0;
            break;
        }
    }
    if(flag)
        printf("\n %s 是回文串 \n",name);
    else
        printf("\n %s 不是回文串 \n",name);
}
```

8.3.2 字符指针在字符串处理函数中的使用

在前面的内容中,介绍过 gets()、strcmp()、strlen()、strcpy()等函数,这些函数中的参数使用的是字符数组的数组名。其实还可以使用字符指针变量来代替以前的字符数组名。

【例 8.6】 从键盘输入两个字符串,利用字符指针比较两个字符串的大小。

```c
#include <stdio.h>
main()
{
    char s1[20],s2[20];
    char * p1, * p2;
    p1=s1;
    p2=s2;
    printf(" *** Comparing the two strings ***\n");
```

```
printf("\nPlease input the first strings: ");
gets(p1);
printf("\nPlease input the second strings: ");
gets(p2);
do
{
    if(*p1>*p2){printf("%s>%s\n",s1,s2);break;}
    else if(*p1<*p2){printf("%s<%s\n",s1,s2);break;}
    else {p1++;p2++;}
} while(*p1!='\0'||*p2!='\0');
if(*p1=='\0'&&*p2=='\0') printf("%s=%s\n",s1,s2);
}
```

8.3.3 空格和大写字母的判断

判断一个字符是否是空格,可直接调用库函数 isspace(ch),其用法是检查参数 ch 是否是空格、制表符或者换行符。若是则返回 1,否则返回 0。该函数包含在<ctype.h>头文件中。

判断一个字符是否是大写字母,可直接调用库函数 isupper(ch)。若是则返回 1,否则返回 0,包含在<ctype.h>头文件中。

8.3.4 程序代码

字符串纠正程序的程序代码如下:

```
#include <stdio.h>
#include <ctype.h>
main()
{
    char wrong[19]="I Love Programming";
    int i;
    for(i=1;*(wrong+i)!='\0';i++)
    {
        if(isspace(*(wrong+i-1))&&isupper(*(wrong+i)))
            *(wrong+i)=tolower(*(wrong+i));
    }
    printf("%s\n",wrong);
}
```

字符串纠正程序运行结果如图 8.7 所示。

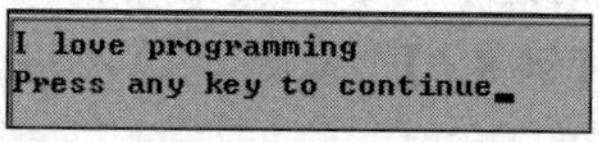

```
I love programming
Press any key to continue_
```

图 8.7 字符串纠正程序运行结果

【课堂思考】

(1) 能不能将"char wrong[19]="I Love Programming";"中的 19 改为 18?

(2) char wrong[19]="I Love Programming"还有没有其他的书写方式?

(3) 能不能将字符数组名 wrong 赋给一个指针变量 p,然后通过 p 的自加方式进行字符串的遍历?

(4) 将转换字符串部分,独立出来,写成一个函数。

任务 8.4 猜牌游戏——指针的简单综合应用

猜牌游戏中涉及指针的部分主要集中在定义结构体指针变量,并将指针作为函数的参数。

任务描述

9 张牌分成 3 行 3 列,玩家选定一张牌,通过最多 3 次输入所选牌所在第几行,最终确定所选牌是哪一张牌。

任务分析

每张牌有花色和大小,均保存在一个结构体变量中,那么,多张牌则需用结构体数组来保存。若使用结构体变量或数组作为函数参数进行整体传送,则要将全部成员逐个传送,特别是成员为数组时,将会使传送的时间和空间开销很大,严重地降低了程序运行的效率。因此,最好的办法就是使用结构体指针,即用指针变量作函数参数进行传送,使主调函数和被调函数操作同一块内存空间,提高程序访问速度和效率。

8.4.1 类型定义关键字 typedef

typedef 作为类型定义关键字,用于在原有数据类型(包括基本类型、构造类型和指针等)的基础上,由用户自定义新的类型名称。在编程中使用 typedef 的好处,除了为变量取一个简单易记且意义明确的新名称外,还可以简化一些比较复杂的类型声明。例如:

```
typedef int INT32;
```

将 INT32 定义为与 int 具有相同意义的名字,这样类型 INT32 就可用于类型声明和类型转换了,它和类型 int 完全相同。比如:

```
INT32 a;          //定义整型变量 a
```

既然已经有了 int 这个名称,为什么还要再取一个名称呢? 主要是为了提高程序的可移植性。比如,某种微处理器的 int 为 16 位,long 为 32 位。如果要将该程序移植到另一种体系结构的微处理器,假设编译器的 int 为 32 位,long 为 64 位,而只有 short 才是 16 位的,因此必须将程序中的 int 全部替换为 short,long 全部替换为 int,这样修改势必工作量巨大且容易出错。如果将它取一个新的名称,然后在程序中全部用新取的名称,那么要移植的工作仅仅只是修改定义这些新名称即可。也就是说,只需要将以前的

```
typedef int INT16;
typedef long INT32;
```

替换成

```
typedef short INT16;
typedef int INT32;
```

由此可见,typedef 声明并没有创建一个新类型,而是为某个已经存在的类型增加一个新的名字而已。

```
typedef struct Card
{
    char val;                    /* 扑克牌面上的大小 */
    int kind :4;                 /* 扑克牌的花色 */
}Card;
```

猜牌游戏上面的代码定义了一个结构体类型 Card,于是在声明变量时就可以直接用 Card 类型声明变量。Card 实际上就是 struct Card 的别名,它们的区别就在于使用时,是否可以省去 struct 这个关键字。例如:

```
Card cards[9];                   /* 存放 9 张牌的数组 cards */
```

如果之前没有 typedef,那么这里的数组和变量声明就必须改为

```
struct Card cards[9];
```

8.4.2　指向结构体变量的指针

一个指针变量当用来指向一个结构变量时,称为结构指针变量。结构指针变量中的值是所指向的结构变量的首地址。通过结构指针变量即可访问该结构变量,这与数组指针的情况是相同的。

结构指针变量说明的一般形式如下:

```
struct 结构名 *结构指针变量名
```

例如,在猜牌游戏中定义结构指针变量时可以表示为

```
struct Card * selected_card;     /* 存放玩家所记住(选)的牌 */
```

或者

```
Card * selected_card;            /* 存放玩家所记住(选)的牌 */
```

再如,猜牌游戏中有以下函数声明,就是使用 Card 类型进行结构指针变量定义。

```
void riffle(Card * cards,int size);
void show(const Card * cards,int size);
void grouping(const Card * cards,Card * carr1,Card * carr2,Card * carr3);
Card* result_process(Card * carr1,Card * carr2,Card * carr3,int counter);
void rshift(Card * carr1,Card * carr2,Card * carr3,int counter);
```

结构名和结构变量是两个不同的概念,不能混淆。结构名只能表示一个结构形式,编译系统并不对它分配内存空间。只有当某变量被说明为这种类型的结构时,才对该变量分配存储空间。

有了结构指针变量,就能更方便地访问结构变量的各个成员。其访问的一般形式如下:

```
(*结构指针变量).成员名
```

或者

结构指针变量->成员名

例如,(＊pstu).num 等价于 pstu－＞num。应该注意(＊pstu)两侧的括号不可少,因为成员符"."的优先级高于"＊"。如去掉括号就变成 ＊pstu.num,它等效于 ＊(pstu.num),这样,意义就完全不同了。

猜牌游戏 show()函数中下面一条语句

```
printf("%c%c",cards[i].kind,cards[i].val);
```

等价于

```
printf("%c%c ",(*(cards+i)).kind,(*(cards+i)).val);
```

也等价于

```
printf("%c%c ",(cards+i)->kind,(cards+i)->val);
```

由此可见,以下三种用于表示结构成员的形式是完全等效的。

```
结构变量.成员名
(＊结构指针变量).成员名
结构指针变量->成员名
```

8.4.3　结构体指针变量作为函数参数

指针变量可以指向一个结构数组,这时结构指针变量的值是整个结构数组的首地址。结构指针变量也可指向结构数组的一个元素,这时结构指针变量的值是该结构数组元素的首地址。

在 ANSI C 标准中允许用结构变量作为函数参数进行整体传送。但是这种传送要对全部成员逐个传送,特别是成员为数组时将会使传送的时间和空间开销很大,严重地降低了程序的效率。因此最好的办法就是使用指针,即用指针变量作为函数参数进行传送。这时由实参传向形参的只是地址,从而减少了时间和空间的开销。

猜牌游戏中各子函数均使用结构指针变量作为参数,接收主调函数传递过来的数组名或者结构指针变量。以 show()函数为例,来看结构指针变量作为函数参数的地址传递方式。下面是 main()函数中调用 show()函数的语句。

```
show(carr1,3);
```

carr1 为结构数组名,实质是数组的首地址,将数组名作为实参传递给 show()函数。

```
void show(const Card * cards,int size)
{
    int i=0;
    for(;i<size;i++)
    {
        printf("%c%c ",cards[i].kind,cards[i].val);
        if((i !=0)&&(((i+1)%3)==0)) puts("");
    }
```

```
    puts("");        /* 自动换行 */
}
```

show()函数使用结构指针变量 cards 来接收传递过来的地址,指向 carr1 数组的第一个元素。show()函数通过 cards[i].kind 和 cards[i].val 来输出牌的花色和大小。

由于猜牌游戏的程序全部采用指针变量作运算和处理,故速度更快,程序效率更高。

归纳与总结

☞ 知识点

(1) 指针就是变量的地址,同其他类型的数据一样,指针类型的数据也有指针常量、指针变量,以及各种各样的运算。

(2) 指针变量的定义:类型说明符 ＊指针变量名。

(3) 对一个变量的访问(访问是指取出其值或向它赋值)方式有两种。

① 直接访问,通过变量名访问,如通过变量名 i 直接访问。

② 间接访问,通过该变量的指针来访问,如通过 i_pointer 访问变量 i。

(4) 指针的两个基本运算: ＊和 &。

(5) 若指针 p 指向数组 a,虽然 p+i 与 a+i、＊(p+i)与 ＊(a+i)意义相同,但仍应注意 p 与 a 的区别(a 代表数组的首地址,是不变的;p 是一个指针变量,可以指向数组中的任何元素)。

(6) 一个结构体变量的指针就是该结构体变量所占据的内存段的起始地址。结构体变量指针的定义形式:结构类型名 ＊指针变量名。

(7) 用指针引用结构体成员的形式:"(＊结构体指针名).成员名"或者"结构体指针名－>成员名"。

(8) 用指针作为函数参数传递的是地址。

☞ 能力点

(1) 理解指针、指针常量、指针变量的概念。

(2) 掌握指针的两个基本运算符 ＊和 &。

(3) 掌握指针指向一维数组和字符串时,数组元素的表示方法。

(4) 掌握结构体指针的定义方法,能够通过结构体指针变量正确引用结构体成员。

(5) 理解指针作为函数参数时传递的内容。

拓 展 阅 读

2005 年 8 月 15 日,时任浙江省委书记的习近平同志在浙江湖州安吉考察时,首次提出了"绿水青山就是金山银山"的科学论断。

绿水青山本身蕴含无穷的经济价值,还可以源源不断地带来金山银山。马克思主义认为,自然资源作为劳动资料,是构成生产力的基本要素。在社会生产中,人和自然是同时起作用的,没有自然界、没有感性的外部世界,就什么也不能创造。保护生态环境就是保护自然价值和增值自然资本,就是保护经济社会发展的潜力和后劲。时至今日,现代经济社会发展对自然生态的依赖程度越来越高,绿色生态已经成为最大财富、最大优势、最大品牌。"鱼逐水草而居,鸟择良木而栖。"如果其他各方面条件都具备,人们都愿意到绿水青山的地方投资、发展、工作、生活和旅游。河北塞罕坝林场创造了荒原变林海、沙地变绿洲、青山变金山的人间奇迹,吉林查干湖渔场实现了保护生态和发展旅游相得益彰,陕西安康的茶农们因茶致富、因茶兴业,都印证了"保护生态,生态就会回馈你"的道理。

习 题 8

一、填空题

1. 在 C 语言程序中,只能给指针变量赋_____值和_____值。

2. 设有如下函数定义:

```
int f(char * s)
{
    char * p=s;
    while(* p !='\0')p++;
    return(p-s);
}
```

如果在主程序中用语句"printf("%d\n",f("goodbay!"));"调用上述函数,则输出结果为_____。

3. 执行以下程序后,y 的值是_____。

```
#include <stdio.h>
main()
{
    int a[]={2,4,6,8,10};
    int y=1,x, * p;
    p=&a[1];
    for(x=0;x<3;x++)
        y+= * (p+x);
    printf("%d\n",y);
}
```

4. 请读程序片段:

```
char str[]="ABCD", * p=str;
printf("%d\n", * (p+4));
```

以上程序段的输出结果是_____。

5. 以下程序的功能是从键盘输入若干字符(以回车键结束)组成一个字符串,存入一个字符数组,然后输出该字符数组中的字符串。请将程序补充完整。

```
#include <stdio.h>
main()
{
    char str[20], * strp;
    int i;
    for(i=0;i<20;i++)
    {
        str[i]=getchar();
        if(str[i]=='\n') break;
    }
    str[i]=_____;
    strp=str;
    while(* strp)
        putchar(* strp_____);
}
```

二、选择题

1. 变量的指针,其含义是指该变量的(   )。
    A. 值   B. 地址   C. 名   D. 一个标志
2. 设有语句"int a=5, * p1=&a, * p2=p1;",则下面错误的赋值语句是(   )。
    A. a= * p1+ * p2   B. p2=a
    C. p1=p2   D. a= * p1 * (* p2)
3. 若有语句"int a, * p=&a;",下面正确的语句是(   )。
    A. scanf("%d",&p)   B. scanf("%d",a)
    C. scanf("%d",p)   D. scanf("%d", * p)
4. 若有定义"int a[5], * p=a;",则对 a 数组元素地址的正确引用是(   )。
    A. p+5   B. * a+2   C. &a+1   D. &a[0]
5. 若有语句"int a=4,p=&a;",下面均代表地址的一组选项是(   )。
    A. a,p, * &a   B. & * a,&a, * p
    C. * &p, * p,&a   D. &a,& * p,p
6. 设有语句"int a=3,b, * p=&a;",则下列语句中使 b 不为 3 的语句是(   )。
    A. b= * &a   B. b= * p   C. b=a   D. b= * a
7. 设有语句"int a,b=7, * p=&a;",则与"a=b;"等价的语句是(   )。
    A. a= * p   B. * p= * &b   C. a=&b   D. a=p
8. 若有定义"int a[5], * p=a;",则 * (p+3)表示(   )。
    A. 元素 a[3]的地址   B. 元素 a[3]的值
    C. 元素 a[4]的地址   D. 元素 a[4]的值
9. 若有定义"int a[5], * p=a;",则 p+3 表示(   )。
    A. 元素 a[3]的地址   B. 元素 a[3]的值
    C. 元素 a[4]的地址   D. 元素 a[4]的值

10. 执行下列语句段:

```
int a=25,* p=&a;
printf("%d,",(* p)++);
printf("%d",a);
```

则输出的结果是( )。

    A. 25,25   B. 25,26   C. 26,26   D. 26,25

三、编程题

1. 有一字符串"ABre234♯!EF3T",编写函数,统计其中大写字母的个数(或小写字母或数字),然后在主函数中输出统计结果。

2. 编写一个程序,将字符串"1234567"赋给一字符数组,然后从第一个字母开始间隔地输出该串。

3. 用函数实现输出数组 a[5]={6,−2,3,4,7}中的最大值和最小值。

文　件

前面编写的 C 语言程序,当程序运行时,所有数据(如变量、数组等)均保存在内存中。当程序执行完毕,所有保存在内存中的数据都会消失。这时,如果能将程序执行的结果保存在物理存储介质上(如硬盘),即以"文件"的形式加以保存,那些执行结果便可以长期保存下来,以供随时读取。下面通过四个任务来逐步介绍文件的使用。

工作任务

- 将字符写入文件——文件的定义及简单使用。
- 简单的考试出题与评分系统——文件格式化读/写。
- 简单的人事信息管理系统——文件数据块读/写。
- 猜牌游戏拓展——将用户名及选牌写入文件保存。

技能目标

- 了解文件的处理过程。
- 学会打开与关闭文件。
- 能够对文件进行读/写操作。

任务 9.1　将字符写入文件——文件的定义及简单应用

任务描述

编写一个程序,能够创建一个文本文件,文件名由用户从键盘输入。向文件中写入多个字符,直到输入一个"♯",才停止写入。

任务分析

要完成这个任务,关键在于了解如何在 C 语言中创建一个文件,并向该文件中写入字符。

如果文件名由用户从键盘输入,那就需要先定义一个字符数组 filename[20]来存放文件名。写入文件的步骤如下。

(1) 定义文件指针变量 fp。

(2) 打开文件。以写文本文件方式打开或创建一个文件。如果打开文件失败,输出错误信息并结束程序。

（3）文件写入。应用循环结构,从键盘依次输入字符,顺序逐个写入文件,最后输入"#"停止写入。

（4）关闭文件。

9.1.1 文件的概念

"文件"是一组相关数据的有序集合,例如,用 Word 写出的文章(扩展名为.doc)、用 Excel 设计的统计表(扩展名为.xls)、用 Photoshop 设计的图片(扩展名为.psd)等都是文件。在前面各模块中已经多次使用了文件,例如,源程序文件(扩展名为.c 或.cpp)、目标文件(扩展名为.obj)、可执行文件(扩展名为.exe)、库文件(或叫头文件,扩展名为.h)等。文件通常是驻留在外部介质上的(如磁盘),使用时才调入内存。

9.1.2 文件的存储

从文件编码的方式来看,文件可分为 ASCII 码文件和二进制码文件。ASCII 文件又称为文本文件,这种文件在磁盘中存放时每个字符对应 1 字节,用于存放对应的 ASCII 码。以"123"为例,按文本文件的存储形式,如图 9.1 所示,共占用 3 字节。

二进制文件是按二进制的编码方式来存放文件的。以"123"为例,其二进制文件的存储形式如图 9.2 所示,共占用 2 字节。

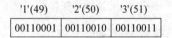

'1'(49)	'2'(50)	'3'(51)
00110001	00110010	00110011

图 9.1 "123"按文本文件的存放形式

00000000	01111011

图 9.2 "123"按二进制文件的存放形式

9.1.3 文件指针的定义

使用文件指针可以对它所指向的文件进行打开、关闭、读、写等各种操作。

定义文件指针的一般形式如下:

```
FILE *指针变量名
```

例如:

```
FILE * fp;
```

其中,fp 称为指向一个文件的指针。文件指针是 FILE 类型,FILE 类型以及所有的文件处理函数都定义在<stdio.h>头文件中,源程序的开头包含<stdio.h>,就可直接使用文件函数了。

9.1.4 文件的处理

文件的处理包括打开文件、读/写文件、关闭文件三个过程,如图 9.3 所示。

打开文件前,磁盘文件与内存没有任何联系。打开文件时,磁盘文件与内存中的文件缓冲区取得联系,做好读/写准备。读文件的过程是由磁盘输入数据到内存,写文件的过

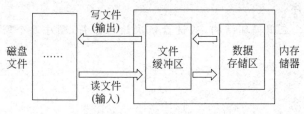

图 9.3　文件的处理过程

程是由内存输出数据到磁盘。关闭文件时,磁盘文件与文件缓冲区断开联系。

9.1.5　打开文件

C 语言提供 fopen() 函数用来打开一个文件,其调用的一般形式如下:

文件指针名=fopen(文件名,文件使用方式);

其中,文件指针名是 FILE 类型的指针变量;文件名是被打开文件的文件名或路径名;文件使用方式是指文件的存储类型(二进制文件或文本文件)和操作要求(只读、只写、可读可写、追加)。例如:

```
FILE * fp;
fp=fopen("test.txt","r");      /* 文件名为 test.txt,该文件与源程序保存在同一路径下 */
fp=fopen(filename,"w");        /* 文件名为 filename 变量或数组中保存的数据 */
fp=fopen("c:\\test.txt","rb");   /* 文件名为 test.txt,该文件保存在 C 盘下 */
```

操作文件的方式共有 12 种,表 9.1 列出了它们的符号和意义。

表 9.1　文本文件和二进制文件的使用方式

文件类型	使用方式	意义	指定文件存在时	指定文件不存在时
文本文件	r	只读	正常打开	出错
	w	只写	文件原有内容丢失	建立新文件
	a	追加	在原文件末尾写数据	建立新文件
	r+	读/写	正常打开	出错
	w+	读/写	文件原有内容丢失	建立新文件
	a+	读/写	在原文件末尾写数据	建立新文件
二进制文件	rb	只读	正常打开	出错
	wb	只写	文件原有内容丢失	建立新文件
	ab	追加	在原文件末尾写数据	建立新文件
	rb+	读/写	正常打开	出错
	wb+	读/写	文件原有内容丢失	建立新文件
	ab+	读/写	在原文件末尾写数据	建立新文件

凡用“r”打开一个文件时,该文件必须已经存在,且只能从该文件读出数据。用“w”打开的文件只能向该文件写入。若打开的文件不存在,则以指定的文件名建立该文件。

在打开一个文件时,如果出错,fopen() 函数将返回一个空指针值 NULL。在程序中可以用这一信息判别是否成功打开文件。因此,常用以下程序段打开文件。

```
if((fp=fopen("test.txt","rb")==NULL)
{
    printf("\nCan not open file!");
    getch();         /*getch()函数包含在<conio.h>中*/
    exit(1);
}
```

这段程序的意思是,如果返回的指针为空,表示不能打开 test.txt 文件,则给出提示信息"Can not open file!"。下一行 getch()函数的作用是等待,只有当用户从键盘按任一键时,程序才继续执行,用户可利用这段等待时间阅读出错信息。按任一键后执行 exit(1)退出程序。

9.1.6 文本文件的读/写

对文本文件的读和写是最常用的文件操作。C 语言提供了多种文件读/写的函数,如字符读/写函数 fgetc()和 fputc(),字符串读/写函数 fgets()和 fputs(),其详细用法如表 9.2 所示。

表 9.2 文本文件的字符读/写函数和字符串读/写函数

函数名	调用形式	功　能	返　回　值
fgetc()	fgetc(fp)	从指定的文件中读一个字符	读成功则返回所读的字符,否则返回 EOF
fputc()	fputc(ch,fp)	把一个 ch 字符写入指定的文件中	写入成功则返回写入的字符,否则返回 EOF
fgets()	fgets(str,n,fp)	从 fp 所指的文件中读出 n-1 个字符送入字符数组 str 中	读成功则返回地址 str,文件结束或出错返回 EOF
fputs()	fputs(str,fp)	把字符串 str 写入文件中	写入成功则返回 0,否则返回非 0

9.1.7 关闭文件

文件一旦使用完毕,应使用文件关闭函数把文件关闭,以避免文件的数据丢失。关闭文件函数调用的一般形式如下:

```
fclose(文件指针);
```

例如,"fclose(fp);"可关闭文件指针 fp 所指向的文件。正常完成关闭文件操作时,fclose()函数返回值为 0,发生错误时返回非零值。

将字符写入文件的程序代码如下:

```
#include<stdlib.h>
#include<stdio.h>
#include<conio.h>
main()
{
```

```
FILE * fp;                              /* 定义文件指针 */
char ch,filename[20];
printf("input filename\n");
scanf("%s",filename);                   /* 由用户从键盘输入创建文件名 */
fp=fopen(filename,"w");                 /* 以写文本文件方式打开文件 */
if((fp)==NULL)                          /* 如果打开文件失败,则结束程序 */
{
    printf("cannot open file\n");
    getch();                            /* 按任意键继续 */
    exit(0);                            /* 终止程序 */
}
ch=getchar();                           /* 接收执行 scanf()语句时最后输入的回车符 */
printf("input char file end #:\n");     /* 提示输入"#"结束 */
ch=getchar();                           /* 接收输入的第一个字符 */
while(ch!='#')
{
    fputc(ch,fp);                       /* 字符写入文件中 */
    ch=getchar();                       /* 从键盘接收输入的字符 */
}
fclose(fp);                             /* 关闭文件 */
}
```

将字符写入文件的程序运行结果如图 9.4 所示。

程序执行后 try.txt 的文件内容如图 9.5 所示。

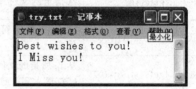

```
input filename
try.txt
input char file end #:
Best wishes to you!
I Miss you!#
Press any key to continue
```

图 9.4 将字符写入文件的程序运行结果　　图 9.5 程序执行后 try.txt 的文件内容

【课堂思考】

如何以读的方式打开文本文件？如何从一个文本文件顺序读出字符并显示在屏幕上？

部分参考代码如下：

```
ch=fgetc(fp);                    /* 从文件中读一个字符保存在 ch 变量中 */
while(ch !=EOF)
{
    putchar(ch);                 /* 将 ch 变量的值输出到屏幕上 */
    ch=fgetc(fp);
}
```

注意：EOF 不是可输出字符,因此不能在屏幕上显示。由于字符的 ASCII 码不可能出现−1,因此,EOF 定义为−1 是合适的。当读入的字符值等于−1 时,表示读入的已不是正常的字符而是文件结束符。

任务9.2　简单的考试出题与评分系统——文件格式化读/写

任务描述

编写一个程序,由计算机给小学生出 5 道 20 以内两个两位数的加法题,最后将题目与学生的答题结果保存在"加法题目.txt"文件中,将正确答案保存在"正确结果.txt"文件中。

任务分析

同一时刻,一个文件指针只能指向一个文件,因此需创建两个文件指针,分别指向两个文件,一个文件用来存放试题和用户自己算出的答案,另一个存放标准答案。程序设计思路如下。

(1) 声明两个文件指针变量,分别指向文件"加法题目.txt"和文件"正确结果.txt"。

(2) 打开两个文件。

(3) 随机生成 5 道加法题,保存学生输入的答案,并把题目和学生答案按指定格式(如 15+20=35,每道题和学生答案占一行)写到文件"加法题目.txt"中,同时将标准答案按一定格式写入文件"正确结果.txt"中。

(4) 关闭这两个文件。

要解决这个问题,关键在于思考如何将数据按照一定格式写入指定文件中。

9.2.1　打开多个文件

对多个文件进行操作,要使用多个文件指针。打开文件时不仅要注意打开方式,还要注意关闭文件。

```
fp=fopen("d:\\加法题目.txt ","r");        /＊以只读方式打开文件＊/
fq=fopen("d:\\正确结果.txt ","r");
//省略中间代码
fclose(fp);
fclose(fq);
```

9.2.2　格式化读/写函数 fscanf()和 fprintf()

fprintf()函数与前面使用的 printf()函数功能相似,都是格式化写函数。两者的区别在于 fprintf()函数写的对象不是显示器,而是磁盘文件。

这个函数的调用格式如下:

fprintf(文件指针,格式字符串,输出表列);

例如:

fprintf(fp,"%d%c",j,ch);

fscanf()函数与前面使用的 scanf()函数功能相似,都是格式化读函数。两者的区别在于 fscanf()函数读的对象不是键盘,而是磁盘文件。

这个函数的调用格式如下:

fscanf (文件指针,格式字符串,输入表列);

例如:

fscanf(fp,"%d%c",&j,&ch);

程序代码如下:

```c
#include <stdio.h>
#include <stdlib.h>
#include <time.h>
#include <conio.h>
main()
{
    int i=0,op1=0,op2=0,pupil=0,answer=0,m;
    FILE * fp=NULL, * fq=NULL;
    /* 以只写方式打开"加法题目.txt"文件 */
    printf("请输入加法题目总数:");
    scanf("%d",&m);
    fp=fopen("d:\\加法题目.txt","w");
    if(fp==NULL)
    {
        printf("Open error!!!\n");
        getch();
        exit(0);
    }
    /* 以只写方式打开"正确结果.txt"文件 */
    fq=fopen("d:\\正确结果.txt","w");
    if(fp==NULL)
    {
        printf("Open error!!!\n");
        getch();
        exit(0);
    }
    srand(time(0));
    for(i=1;i<=m;i++){
        op1=rand()%11+10;
        op2=rand()%11+10;
        printf("%d+%d=",op1,op2);
        scanf("%d",&pupil);
        answer=op1+op2;
        /* 以"%d+%d=%d\n"格式将 op1、op2、pupil 三个变量的值写入文件"加法题目.txt"中 */
        fprintf(fp,"%d+%d=%d\n",op1,op2,pupil);
        /* 以"%d+%d=%d\n"格式将 answer 变量的值写入文件"正确结果.txt"中 */
        fprintf(fq,"%d+%d=%d\n",op1,op2,answer);
```

```
    }
    /* 关闭两个文件 */
    fclose(fp);
    fclose(fq);
}
```

"考试出题系统"程序运行结果如图 9.6 所示。

"加法题目.txt"文件内容如图 9.7 所示。"正确结果.txt"文件内容如图 9.8 所示。

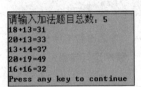

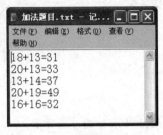

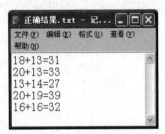

图 9.6 "考试出题系统"	图 9.7 "加法题目.txt"	图 9.8 "正确结果.txt"
程序运行结果	文件内容	文件内容

【课堂思考】

题目出完了,学生也作答了,现在开始评分。编写考试评分程序,对小学生所做的算术题进行阅卷,每道题分数为 20,满分为 100。

参考程序代码如下:

```
#include <stdio.h>
#include <conio.h>
#include <stdlib.h>
main()
{
    int i=0,op1=0,op2=0,pupil=0,answer=0,total=0;
    FILE * fp=NULL, * fq=NULL;
    fp=fopen("d:\\加法题目.txt","r");
    if(fp==NULL)
    {
        printf("Open error!!!\n");
        getch();
        exit(0);
    }
    fq=fopen("d:\\正确结果.txt","r");
    if(fp==NULL)
    {
        printf("Open error!!!\n");
        getch();
        exit(0);
    }
    for(i=1;i<=5;i++){
        fscanf(fp,"%d+%d=%d",&op1,&op2,&pupil);
```

```
            fscanf(fq,"%d+%d=%d",&op1,&op2,&answer);
            printf("%d+%d=%d 正确答案%d ",op1,op2,pupil,answer);
            if(pupil==answer)
            {
                total=total+20;
                printf("Right!\n");
            }
            else
                printf("Wrong!\n");
        }
    printf("你的总分为%d分。\n",total);
    fclose(fp);
    fclose(fq);
    getch();
}
```

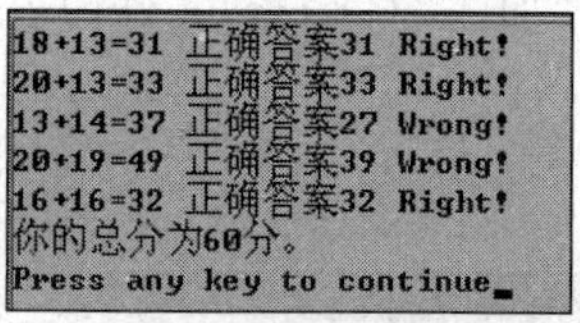

```
18+13=31 正确答案31 Right!
20+13=33 正确答案33 Right!
13+14=37 正确答案27 Wrong!
20+19=49 正确答案39 Wrong!
16+16=32 正确答案32 Right!
你的总分为60分。
Press any key to continue_
```

图 9.9　"考试出题与评分系统"
程序运行结果

"考试出题与评分系统"程序运行结果如图 9.9 所示。

任务 9.3　简单的人事信息管理系统——文件数据块的读/写

任务描述

编写程序,实现简单的人事信息输入、显示和修改功能,并将输入和修改后的数据写入文件。

任务分析

(1) 定义一个结构体类型,保存相关人事信息。定义一个结构体数组,存放多个人员的人事信息。

(2) 声明一个文件指针变量,指向要写入信息的文件并打开该文件。

(3) 获取用户输入的人事信息,并写入指定文件。

(4) 显示所有人员的人事信息。要更改文件内容,必须以可读/写的方式打开文件。

(5) 用某一个人员的信息替代另一个人员的信息。

(6) 重新在屏幕上输出所有人员的人事信息。

要解决这个问题,难点在于如何从指定文件中的指定位置开始读/写一部分内容,而不是从头到尾顺序读取文件的全部内容。

9.3.1　数据块读/写函数 fread()和 fwrite()

C 语言提供了用于整块数据的读/写函数,可用来读/写一组数据,如一个数组、一个结构变量的值等。

调用读数据块函数的一般形式如下:

```
fread(buffer,size,count,fp);
```

调用写数据块函数的一般形式如下:

```
fwrite(buffer,size,count,fp);
```

buffer 是一个指针,在 fread()函数中,buffer 表示存放输入数据的首地址;在 fwrite()函数中,buffer 表示存放输出数据的首地址;size 表示数据块的字节数;count 表示要读/写的数据块块数;fp 表示文件指针。

9.3.2　文件随机定位函数

前面介绍的对文件的读/写方式都是顺序读/写,即读/写文件只能从头开始,顺序读/写各个数据。如果需要从文件的某个位置开始读取数据,C 语言提供了 fseek()函数和 rewind()函数来实现文件随机定位功能。

```
rewind(文件指针);
```

它的功能是把文件内部的位置指针移到文件的开始位置。如"rewind(fp);"使 fp 所指向的文件的位置指针重新指向文件头。

```
fseek(文件指针,位移量,起始点);
```

"位移量"表示移动的字节数,要求位移量是 long 型数据,以便在文件长度大于 64KB 时不会出错。当用常量表示位移量时,要求加后缀"L"。在具体的程序中,位移量通常是 n * sizeof(数据类型),即以某一种数据类型的长度为单位。

"起始点"表示从何处开始计算位移量,规定的起始点有三种:文件首、当前位置和文件尾,具体如表 9.3 所示。

表 9.3　文件起始点的表示方法

符号常数	相应整数值	含　义	符号常数	相应整数值	含　义
SEEK_SET	0	文件头	SEEK_END	2	文件末尾
SEEK_CUR	1	当前位置			

例如,"fseek(fp,2 * sizeof(struct rec),0);"中,"0"表示起始点是文件头,"0"也可替换为符号常数"SEEK_SET",即 fseek(fp1,2 * sizeof(struct rec),SEEK_SET)。整个函数的作用是将 fp 指向的文件位置指针从文件头向后移 2 * sizeof(struct rec)字节。

实现简单的人事信息管理的程序代码如下:

```
#include <stdio.h>
#include <stdlib.h>
#include <conio.h>
#define NUM 3
main()
{
    FILE * fp1;
    int i;
    struct rec{
        char id[10];
        char name[15];
```

```
        char department[15];
    }record[NUM];                                    /* 定义结构体类型 */
    printf("****************** 人事信息管理*********************\n");
    if((fp1=fopen("infile.txt","wb"))==NULL){
        printf("cannot open file");
        getch();
        exit(1);
    }
    printf("Please input record ");
    for(i=0;i<NUM;i++){
        printf("请输入 id号:");
        scanf("%s",record[i].id);
        printf("请输入姓名:");
        scanf("%s",record[i].name);
        printf("请输入部门:");
        scanf("%s",record[i].department);
        fwrite(&record[i],sizeof(struct rec),1,fp1);
    }
    fclose(fp1);
    if((fp1=fopen("infile.txt","rb+"))==NULL){
        printf("cannot open file");
        getch();
        exit(1);
    }
    printf("*********修改前从文件读出的信息********\n");
    printf("%-10s%-15s%-15s\n","id","name","department");
    for(i=0;i<NUM;i++){
        fread(&record[i],sizeof(struct rec),1,fp1);
        printf("%-10s%-15s%-15s\n",record[i].id,record[i].name,record[i].
        department);
    }
    /* 以下进行文件的随机读/写 */
    fseek(fp1,2*sizeof(struct rec),0);     /* 定位文件内位置指针指向第三条记录 */
    fwrite(&record[1],sizeof(struct rec),1,fp1);   /* 在第三条记录处写入第二条记录 */
    rewind(fp1);                                    /* 移动文件位置指针到文件头 */
    printf("*********修改后从文件读出的信息********\n");
    printf("%-10s%-15s%-15s\n","id","name","department");
    for(i=0;i<NUM;i++){                             /* 重新输出文件内容 */
        fread(&record[i],sizeof(struct rec),1,fp1);
        printf("%-10s%-15s%-15s\n",record[i].id,record[i].name,record[i].
        department);
    }
    fclose(fp1);
    getch();
}
```

"简单的人事信息管理系统"程序运行结果如图9.10所示。

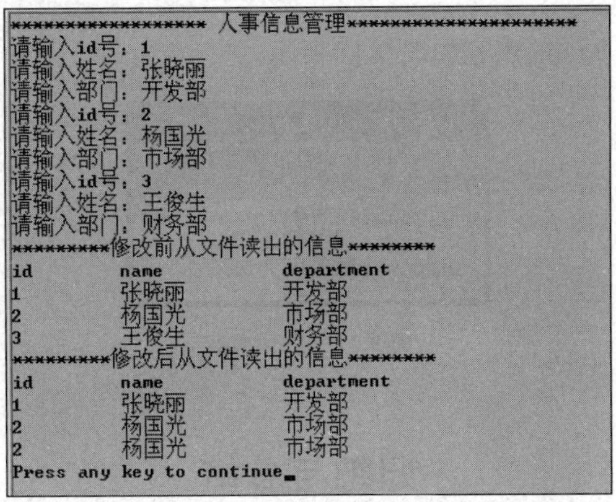

图 9.10 "简单的人事信息管理系统"程序运行结果

任务 9.4 猜牌游戏拓展——将用户名及选牌写入文件并保存

任务描述

在用户玩猜牌游戏之前先输入自己的用户名,并在文件中记录该用户名及其所选中的牌。例如,在文件中写入"admin 选中的牌为♠8",下次再玩游戏时继续追加记录。

任务分析

(1) 以追加的方式创建一个文本文件。

(2) 获取用户输入的用户名,并写入指定文件中。

(3) 向文件中写入选中的扑克牌的花色和大小。

在模块 10 的猜牌游戏程序 main()函数中开头部分加入以下代码。

```
FILE * fp;
if((fp=fopen("user.txt","ab"))==NULL){
    printf("cannot open file");
    getch();
    exit(1);
}
printf("请输入用户名:");
scanf("%s",name);
fprintf(fp,"%s",name);              //向文件中写入用户名
```

在 main()函数"puts("你猜的牌为:");"语句之前加入以下代码。

```
fprintf(fp,"猜的牌为%c%c\n",selected_card->kind,selected_card->val);
```

其中,selected_card 为结构指针变量,通过"一>"运算符即可访问 selected_card 所指向的结构变量的各个成员,selected_card一>kind 可访问用户所选的牌的花色,也可写为 (* selected_card).kind。selected_card一>val 可访问用户所选的牌的大小,也可写为

(* selected_card).val。

程序运行后写入文件的内容如图 9.11 所示。

图 9.11   文件内容

归纳与总结

☞ 知识点

(1) C 语言能够处理的文件类型有文本文件和二进制文件。

(2) 文件的处理包括打开文件、读/写文件、关闭文件三个过程。

(3) 文件的打开和关闭函数。

(4) 文件的读/写函数。

☞ 能力点

(1) 理解文件的处理过程。

(2) 掌握文件的打开与关闭方法。

(3) 掌握文件的读、写方法。

拓 展 阅 读

在这样一个大数据的时代,数据的管理是重中之重。

华为作为全球领先的通信技术公司,处理着庞大的数据流量和信息。在快速发展的过程中,数据备份和安全管理成了关键问题。在一次全球性的网络攻击中,华为某个区域的数据中心遭受了攻击,由于备份系统不够完善,部分关键数据面临丢失的风险。这次事件给华为敲响了警钟。公司高层立即召开紧急会议,决定投入更多资源来加强数据备份和安全系统。他们意识到,无论技术多么先进,没有严格的数据管理规范,公司的发展和客户的信任都可能受到威胁。华为的研发团队和 IT 部门紧密合作,开发了一套更加先进的数据备份解决方案,确保所有关键数据都能实时备份,并且在任何情况下都能迅速恢复。通过这次事件,华为不仅提升了自身的数据管理能力,也向全球展示了其对数据安全的重视。公司内部加强了对数据管理规范的培训和教育,确保每一位员工都能够意识到数据安全的重要性。

小米在快速扩张的过程中,团队规模迅速扩大,项目数量激增,文件和数据管理的挑战日益凸显。一次,由于项目团队之间的文件命名和存储规范不统一,导致了重要市场分析报告的延误提交,影响了公司的战略决策。这一事件促使小米的管理层重新审视现有的文件管理系统。他们发现,缺乏统一的文件规范是导致混乱的主要原因。小米迅速行动,制定了一套全面的文件管理规范,并利用内部培训和自动化工具来确保规范的执行。这一措施显著提高了文件处理的效率和准确性。经过这次改进,小米的文件管理变得更加规范和高效。公司内部形成了一种文化,即每个人都重视文件规范,将其视为提升工作效率和保障信息安全的基础。

同学们在日常数据管理中要形成良好的习惯,要对数据分门别类地存放和管理,为信息查询、索引提供时效性和快捷性。

习　题　9

一、填空题

1. C 语言文件按编码方式分为_____和 ASCII 文件。

2. 在 C 语言里,称指向 FILE 型结构变量的指针为_____。

3. 通过文件指针就可对它所指的文件进行打开、关闭、读、写等各种操作,FILE ＊p 把变量 p 说明为是一个文件指针。这里用到的"FILE",是在_____头文件里定义的。

4. 打开一个已存在的二进制文件,只能读取数据,其文件打开模式_____。

二、程序分析题

1. 阅读下面的程序,说明程序的功能。

```
#include <stdio.h>
main()
{
    FILE * fp;
    char ch, fname[30];
    printf("Enter file name:");
    gets(fname);
    if((fp=fopen(fname,"w"))==NULL)
    {
        printf("File could not be opened!\n");
        exit(0);
    }
    while((ch=getchar())!='#')
    fputc(ch,fp);
    fclose(fp);
}
```

2. 阅读分析下面的程序,说明程序的功能。

```
#include <stdio.h>
#include <conio.h>
#include <stdlib.h>
struct stu
```

```
{
    char name[10];
    int num;
    int age;
    char addr[15];
}boya[2],boyb[2], * pp, * qq;

main()
{
    FILE * fp;
    int i;
    pp=boya;
    qq=boyb;
    if((fp=fopen("stu_list","wb+"))==NULL)
    {
        printf("Cannot open file strike any key exit!");
        getch();
        exit(1);
    }
    printf("\ninput data\n");
    for(i=0;i<2;i++,pp++)
        scanf("%s%d%d%s",pp->name,&pp->num,&pp->age,pp->addr);
    pp=boya;
    fwrite(pp,sizeof(struct stu),2,fp);
    rewind(fp);
    fread(qq,sizeof(struct stu),2,fp);
    printf("\n\nname\tnumber   age    addr\n");
    for(i=0;i<2;i++,qq++)
        printf("%s\t%5d%7d   %s\n",qq->name,qq->num,qq->age,qq->addr);
    fclose(fp);
}
```

综合项目实践

本模块通过综合项目实践,综合运用前面几个模块的基础知识设计开发小软件。

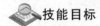**工作任务**

- 打字小游戏。
- 人机互动猜牌游戏。

技能目标

熟悉开发并完成一个综合项目的方法。

任务 10.1　打字小游戏

10.1.1　功能描述

本程序是一个英文打字小游戏,支持不同等级,等级越高速度越快。

10.1.2　系统设计

本程序共有九个模块,分别是主程序、显示屏幕、开始游戏、结束游戏、选择游戏等级、产生新的字母、移动字母、打字和判断用户得分。

游戏的主程序总体控制以上各函数,整体设计如图 10.1 所示。

说明:

(1) 启动程序后,显示程序操作选项。

(2) 根据用户输入操作选项,分别进入相应的功能。选择 1,开始游戏;选择 2,显示帮助;选择 0,退出。

(3) 开始游戏后,初始化屏幕显示数组。

(4) 接收用户选择游戏的等级。

(5) 打印屏幕。

(6) 随机生成一个字母。

(7) 如果用户输入了字符并且正确,则答对的数加 1。

(8) 如果最后一行有字母,则答错的数加 1。

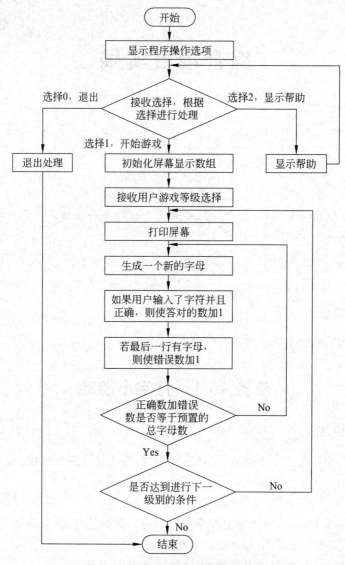

图 10.1　任务 10.1 程序的整体设计

（9）判断答对的数加上答错的数是否等于预置总字母数，如果不是则继续转到步骤6，否则进入下一步。

（10）如果达到进入下一等级的条件就转到步骤 5，否则就结束。

关于其他模块的说明如下。

（1）显示屏幕：刷新屏幕输出的图像。根据游戏等级、正确数和总数，根据二维数组显示屏幕的内容。

（2）开始游戏：该模块负责开始游戏，显示游戏开始界面，提供直接进入游戏、查看帮助和退出三个选项，并且响应选择输入。

（3）结束游戏：该模块负责结束游戏。

（4）选择游戏等级：该模块负责提示用户输入游戏选择的游戏等级。

（5）产生新的字母：该模块负责随机生成一个新字母。

（6）移动字母：该模块负责在游戏过程中移动字母的位置，将最后一行置空，并使所有在数组中其他行的字符下降一行。

（7）打字：该模块负责响应用户打字输入。判断是否有字符从键盘键入，如果有，则从最后一行的最后一个元素开始遍历该数组，找出该字符，并把对应位置置空，且返回1。如果有输入，但屏幕上无对应项，或无输入，则返回0。

（8）判断用户得分：该模块负责判断该用户的得分，提示其是否进入下一等级。

10.1.3 关键技术

（1）使用二维数组实现游戏界面显示数据管理。本游戏界面显示的实现，关键游戏界面显示区域是由 M 行 N 列字符组成的，使用二维数组管理游戏显示区域显示的字符，每个两维数组元素代表一个游戏屏幕的一个显示字符。

（2）打字模块响应输入字符的处理，首先通过系统函数 kbhit() 取得键盘输入字符。如果有，则从最后一行的最后一个元素开始遍历该数组，找出该字符，并把对应位置置空，且返回1。如果有输入，但屏幕上无对应项，或无输入，则返回0。

```
for(i=yLine;i>0;i--)              /* 从最后一行的最后一个元素开始遍历数组 */
{
    for(j=xLine;j>0;j--)
    {
        if(key-32==p[i-1][j-1])
        {
            p[i-1][j-1]=' ';      /* 如果有输入的字符,数组中字符则等于空字符 */
            return(true);
        }                          /* if */
    }                              /* for(j) */
}                                  /* for(i) */
```

（3）函数的灵活使用。本程序包含多项功能，如果要在一个函数中实现，那么程序结构将非常复杂，不利于阅读和理解，而且调试与维护极不方便。因此，将本任务按照功能划分，每个功能由一个或多个函数实现，同时兼顾某些功能的重复使用性。自定义函数可以包含若干个参数，使其具有一定的灵活性。

本任务功能点的划分及函数定义如表10.1所示。

表 10.1　函数的定义及功能

函　　数	功　能　简　述
main()	主函数
printScreen()	刷新屏幕输出的图像
start()	用户进入程序时选择开始、退出和求助
leave()	用户离开程序时提示感谢使用
levelChoice()	用户开始之前选择等级
newWord()	生成一个新的字母并将其置于首行

续表

函　数	功　能　简　述
moving()	将屏幕上的所有字母向下移动一行
wordHit()	判断用户是否输入字母,如果输入,且屏幕上有该字母则将该字母所在位置置空
result()	判断该用户的得分,提示其是否进入下一等级

10.1.4　程序实现

```c
#include <stdio.h>
#include <time.h>
#include <stdlib.h>
#include <conio.h>
#include <dos.h>
#include <windows.h>
#define xLine 70
#define yLine 20
#define full 100
#define true 1
#define false 0


main()
{
    /* 函数声明 */
    void printScreen(int level,int right,int sum,char p[yLine][xLine]);
                                        /* 刷新屏幕输出的图像 */
    int start();                        /* 用户进入程序时选择开始、退出和求助 */
    void leave();                       /* 用户离开程序时,提示感谢使用 */
    int levelChoice(int level);         /* 用户开始之前选择等级 */
    int newWord(int sum,char p[yLine][xLine]);  /* 生成一个新的字母并将其置于首行 */
    int moving(int miss,char p[yLine][xLine]);  /* 将屏幕上的所有字母向下移动一行 */
    int wordHit(char p[yLine][xLine]);/* 判断用户是否输入字母,如果输入,且屏幕上
                                        有该字母则将该字母所在位置置空 */
    int result(int right);              /* 判断该用户的得分,提示其是否进入下一等级 */
    void clrscr();                      /* 清空屏幕 */

    /* ------------------------------------------------------------------ */
    char p[yLine][xLine];
    int i,j,level=0,right,sum,n,m,miss;
    srand(time(NULL));
    start();                            /* 显示程序操作选项 */
    for(i=0;i<yLine;i++)                /* 初始化屏显数组 */
    {
      for(j=0;j<xLine;j++)
        if(j==0||j==xLine-1)
            p[i][j]='|';
        else
            p[i][j]=' ';
    }                                   /* for(i) */
    level=levelChoice(level);
    for(;;)                             /* 开始运行主程序 */
```

```
    {
        sum=0;
        right=0;
        miss=0;
        printf("Press any key to start!");
        m=getch();
        printScreen(level,right,sum,p);
        for(n=0,m=4;;n++)
        {
            Sleep(10);                      /*延迟*/
            if(m%4==0)                      /*当m为4的整数倍,即上一个字母下落3行时生
                                              成一个新的字母在首行并刷新屏幕*/
            {
                sum=newWord(sum,p);
                m=5;
                printScreen(level,right,sum,p);
            }                               /*if(newWord)*/
            if(wordHit(p)==true)            /*如果用户输入了字符并且正确,则使答对的数加
                                              一,并刷新屏幕*/
            {
                right++;
                Beep(440,1500);
                printScreen(level,right,sum,p);
            }                               /*if(wordHit)*/
            if(n==(37-4*level))             /*当n=37-4*level时,屏幕上的字母下落一行,并
                                              刷新屏幕,若最后一行有字母,则使错过数加一*/
            {
                n=0;
                m++;
                miss=moving(miss,p);
                printScreen(level,right,sum,p);
            }                               /*if(moving)*/
            if(right+miss==full) break;     /*当正确数加错误数等于预置的总字母个数
                                              时跳出该循环*/
        }
        if(result(right)==true&&level<9)    /*当用户成绩在70分以上,并且等级小于9
                                              时,等级加一,即进入下一级别*/
            level++;
    }                                       /*for(sum,right)*/
}

/*------------------------------------------------------------
函数功能:刷新屏幕的输出图像
函数参数:level是游戏等级
        right是正确输入的字符数
        sum是游戏的总字符数
        p[yLine][xLine]是存放屏幕显示字符的二维数组
函数返回值:无
------------------------------------------------------------*/
void printScreen(int level,int right,int sum,char p[yLine][xLine])
{
    int i,j;
```

```
    clrscr();
    printf("level:%d    Press 0 to exit;1 to pause    score:%d/%d\n",level,
    right,sum);                         /*输出现在的等级,击中数和现在已下落总数*/
    printf("-----------------------------------------------------------\n");
    for(i=0;i<yLine;i++)
    {
        for(j=0;j<xLine;j++)
            printf("%c",p[i][j]);
        printf("\n");
    }                                           /*for(i)*/
    printf("----------------------------------------------------------- \n");
}                                               /*printScreen*/


/* ------------------------------------------------------------
函数功能:离开程序时,调用该函数结束程序
函数参数:无
函数返回值:无
------------------------------------------------------------ */
void leave()
{
    clrscr();
    printf("\n\n\n\nThank you for playing.");
    Sleep(1);
    exit(0);
}


/* ------------------------------------------------------------
函数功能:进入游戏时选择游戏等级
函数参数:level 用于保存用户选择的游戏等级
函数返回值:返回用户选择的游戏等级
------------------------------------------------------------ */
int levelChoice(int level)
{
    while(true)
    {
        clrscr();
        printf("please input 1-9 to choice level.choice 0 to return.\n");
        level=getch();
        level=level-48;
        if(level>0&&level<10) return(level);
        else if(level==0)
            leave();
        else
            printf("Please input a correct number!\n");
    }                                       /*while(true)*/
}                                           /*levelChoice*/


/* ------------------------------------------------------------
函数功能:随机生成一个新的字符并将其加入数组的首行
函数参数:sum 是游戏的总字符数
        p[yLine][xLine]是存放屏幕显示字符的二维数组
函数返回值:游戏的总字符数
```

```
----------------------------------------------------------- */
int newWord(int sum,char p[yLine][xLine])
{
    int j,w;
    if(sum!=full)
    {
        j=(rand()%(xLine-2))+1;
        w=(rand()%26)+65;
        p[0][j]=w;
        return(++sum);
    }                                              /* if */
    return(sum);
}                                                  /* newWord */


/* -----------------------------------------------------------
函数功能：将最后一行置空，并使所有在数组中其他行的字符下降一行
函数参数：miss是打字失败的字符数
         p[yLine][xLine]是存放屏幕显示字符的二维数组
函数返回值：打字失败的字符数
----------------------------------------------------------- */
int moving(int miss,char p[yLine][xLine])
{
    int i,j;
    char w;
    for(j=1,i=yLine-1;j<xLine-1;j++)      /* 遍历最后一行的所有字符，如果该字符非
                                             空，则将其置空并使miss加1 */
    {
        if(p[i][j]!=' ')
        {
            miss++;
            p[i][j]=' ';
        }
    }
    for(i=yLine-2;i>=0;i--)           /* 从倒数第二行的最后一个字符开始向前遍历该数组内
                                          的元素，如果该位置非空，将该字符移动至下一行 */
    {
        for(j=xLine-2;j>0;j--)
        {
            if(p[i][j]!=' ')
            {
                w=p[i][j];
                p[i][j]=' ';
                p[i+1][j]=w;
            }                                      /* if */
        }                                          /* for(j) */
    }                                              /* for(i) */
    return(miss);
}                                                  /* moving */
```

```
/* ------------------------------------------------------------
函数功能：判断是否有字符从键盘键入。如果有,则从最后一行的最后
         一个元素开始遍历该数组,找出该字符,并把对应位置置空,且
         返回1。如果有输入,但屏幕上无对应项,或无输入则返回0
函数参数：p[yLine][xLine]是存放屏幕显示字符的二维数组
函数返回值：返回打字是否成功,成功返回1,失败返回0
----------------------------------------------------------- */
int wordHit(char p[yLine][xLine])
{
    int i,j;
    char key;
    if(kbhit()) /* 判断用户是否从键盘输入了字符。如果 kbhit 返回值不为 0,表示有字符输入 */
    {
        key=getch();
        putch(key);
    }
    if(key)
    {
        if(key=='0') leave();
        if(key=='1')
        {
            clrscr();
            printf("Press any key to continue.");
            getch();
        }
        for(i=yLine;i>0;i--)              /* 从最后一行的最后一个元素开始遍历数组 */
        {
            for(j=xLine;j>0;j--)
            {
                if(key-32==p[i-1][j-1])
                {
                    p[i-1][j-1]=' ';         /* 如果有输入的字符,则把对应置空 */
                    return(true);
                }                            /* if */
            }                                /* for(j) */
        }                                    /* for(i) */
    }                                        /* if(key) */
    return(false);
}                                            /* wordHit */


/* ------------------------------------------------------------
函数功能：判断该次的成绩并输出对应的结果,询问用户是否继续,若继续,
         判断是否可以进入下一级别
函数参数：right 是打字正确的字符数
         p[yLine][xLine]是存放屏幕显示字符的二维数组
函数返回值：ture 或 false,表示是否游戏过关
----------------------------------------------------------- */
int result(int right)
{
    int score;
```

```
    char yn;
    score=right * 100/full;
    clrscr();
    if(score==100)
        printf("Perfect!\n");
    else if(score>=85)
        printf("good!\n");
    else if(score>=70)
        printf("That's OK!\n");
    else
        printf("You need to play again.\n");
    printf("Do you want to continue? Y/N\n");
    for(;;)                                  /* void */
    {
        yn=getch();
        switch(yn)
        {
            case 'y' :
            {
                if(score>=70) return(true);
                else return(false);
            }                                /* case */
            case 'n' : leave();
            default : printf("Please input a correct choice:");
        }                                    /* switch */
    }                                        /* for */
}                                            /* result */


/* ------------------------------------------------------------
函数功能: 进入程序时调用该函数,提示其操作
函数参数: 无
函数返回值: ture 或 false
------------------------------------------------------------ */
int start()                                  /* 进入程序时调用该函数,提示其操作 */
{
    char c;
    while(true)
    {
        clrscr();
        printf("\n\n\n\n\n   Welcome to type game!\n\n\n   1.start\n    2.How to
            play\n    0.Exit");
        c=getch();
        switch(c)
        {
            case '0' : leave();              /* 用户选择退出,退出主程序 */
            case '2' :
            {
                clrscr();
                printf("\n\n\n\n\n  Hit the type when you see it on the screen.\n
                    Press 0 to exit.\n   Press 1 to pause\n   1.start\n   0.exit");
                while(true)
                {
```

```
                        c=getch();
                        if(c=='0') leave();
                        if(c=='1') return(true);
                    }
                }
            case '1' : return(true);
        }
    }
}


/* ------------------------------------------------------------
函数功能：清空屏幕
函数参数：无
函数返回值：无
------------------------------------------------------------ */
void clrscr()
{
    system("cls");
}
```

10.1.5　运行结果

(1) 启动界面如下。

Welcome to type game!
1. start
2. How to play
0. Exit

(2) 选择 1 开始游戏，先选择用户游戏等级。

please input 1-9 to choice level.choice 0 to return.

(3) 选择等级 1，进入游戏界面，如图 10.2 所示。

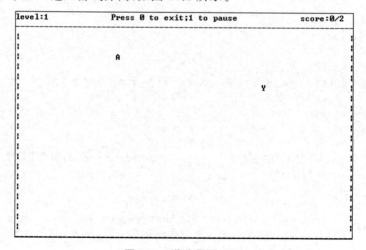

图 10.2　游戏界面(一)

(4) 游戏过程中,打对字母,将得分,如图 10.3 所示。

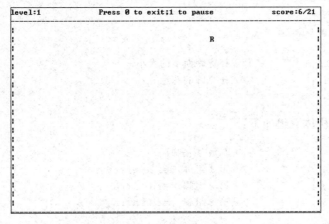

图 10.3 游戏界面(二)

任务 10.2 人机互动猜牌游戏

10.2.1 功能描述

猜牌游戏是给出 9 张牌,让读者在心中记住其中一张牌,然后计算机分组让读者猜自己记住的牌在第几组,最后,计算机猜出读者记住的那张牌是什么。

10.2.2 系统设计

本系统共有 6 个模块,分别是主程序、洗牌、显示数组内容、把牌分组、计算所选的牌和牌右移。

游戏的主程序总体控制以上各函数,整体设计流程如图 10.4 所示。

洗牌:该模块负责洗牌,然后随机地得到 9 张牌,要求 9 张牌不能有重复。

显示数组内容:该模块负责显示二维结构体数组中保存的牌。

把牌分组:该模块负责把 9 张牌分别放到 3 个数组中,每组 3 张。

计算所选的牌:该模块负责用递归计算,计算出所选的牌。

牌右移:该模块负责右移牌。

10.2.3 关键技术

(1) 使用结构体数组实现牌的花色与大小管理。用结构

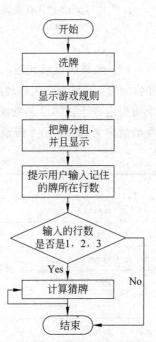

图 10.4 整体设计流程

体数组存放猜牌用到的 9 张牌。存放一张牌的结构如下：

```
/*扑克牌结构*/
typedef struct Card
{
    char val;              /*扑克牌面上的大小*/
    int kind:4;            /*扑克牌的花色*/
}Card;
```

存放牌的结构体数组如下：

```
Card cards[9];            /*存放 9张牌*/
Card carr1[3];            /*第 1组牌,cards array 1*/
Card carr2[3];            /*第 2组牌,cards array 2*/
Card carr3[3];            /*第 3组牌,cards array 3*/
```

(2) 用递归算法处理牌。

```
input=getchar();         /*获取读者选的组*/
switch(input)
{
    case '1':
        return(result_process(carr1,carr2,carr3,++counter));          /*递归调用*/
        break;
    case '2':
        return(&carr2[counter]);
        break;
    default:
        puts("你在撒谎!不和你玩了!");
        return NULL;
}
```

(3) 函数的灵活使用。本程序包含多项功能,如果用一个函数实现,那么程序结构将非常复杂,不利于阅读和理解,而且调试与维护极不方便。因此,将本任务按照功能,使每个功能由一个或多个函数实现,同时兼顾某些功能的重复使用性。本任务功能点的划分及函数定义,如表 10.2 所示。

表 10.2　任务 10.2 的函数定义及功能

函　　数	功　能　简　述
main()	总体控制以上各函数,判断其是否运行
riffle()	该模块负责洗牌,然后随机地得到 9 张牌
show()	显示存放牌花色和大小的二维数组内容
grouping()	把 9 张牌分别放到 3 个数组中,每组 3 张
result_process()	用递归算法计算,所选的牌
rshift()	右移牌

10.2.4 程序实现

```
/***********************************************************************
Description: 给读者 9 张牌, 让读者在心中记住那张牌, 然后计算机分组
让读者回答自己记住的牌在第几组, 最后猜出读者记住的那张牌
Other: 儿童时期的一个小魔术
***********************************************************************/

#include <stdio.h>
#include <stdlib.h>
#include <string.h>
#include <time.h>
#include <assert.h>
#define CARDSIZE 52                        /*牌的总张数*/
#define SUITSIZE 13                        /*一色牌的张数*/
/*扑克牌结构*/
typedef struct Card
{
    char val;                              /*扑克牌面上的大小*/
    int kind: 4;                           /*扑克牌的花色*/
}Card;

/* ------------------------------------------------------------------
函数功能: 洗牌, 然后随机地得到 9 张牌, 要求 9 张牌不能有重复
输入参数: Card card[] 牌结构, int size 结构数组的大小
输出参数: void
------------------------------------------------------------------ */
void riffle(Card * cards, int size);

/* ------------------------------------------------------------------
函数功能: 显示数组的内容
输入参数: Card * card 牌结构指针, int size 结构数组的大小
返回值: 无
------------------------------------------------------------------ */
void show(const Card * cards, int size);

/* ------------------------------------------------------------------
函数功能: 把 9 张牌分别放到 3 个数组中, 每组 3 张
输入参数: Card * card 牌结构指针
返回值: 无
------------------------------------------------------------------ */
void grouping(const Card * cards, Card * carr1, Card * carr2, Card * carr3);

/* ------------------------------------------------------------------
函数功能: 用递归计算法, 计算出所选的牌
输入参数: Card * carr1
          Card * carr2
          Card * carr3
          counter 猜的次数
```

返回值：找到的牌

```
----------------------------------------------------------------- * /
Card* result_process(Card * carr1,Card * carr2,Card * carr3,int counter);


/ * ---------------------------------------------------------------
函数功能：右移操作
输入参数：Card * carr1
        Card * carr2
        Card * carr3
        counter 猜的次数
返回值：无
----------------------------------------------------------------- * /
void rshift(Card * carr1,Card * carr2,Card * carr3,int counter);


main()
{
    Card cards[9];                       / * 存放 9 张牌 * /
    Card carr1[3];                       / * 第 1 组牌,cards array 1 * /
    Card carr2[3];                       / * 第 2 组牌,cards array 2 * /
    Card carr3[3];                       / * 第 3 组牌,cards array 3 * /
    int select=0;                        / * 玩家的选择 * /
    Card * selected_card;                / * 存放玩家所记住(选)的牌 * /
    int counter=0;
    riffle(cards,9);                     / * 洗牌,得到 9 张牌 * /
    puts("请记住一张牌千万别告诉我!最多经过下面三次我与你的对话,我就会知道你所记的
        那张牌!");
    puts("如果想继续玩,请准确地回答我问你的问题,根据提示回答!");
    puts("请放心,我不会问你你选了哪张牌的!");
    grouping(cards,carr1,carr2,carr3);   / * 把 9 张牌分别放到 3 个数组中,每组 3 张 * /
    show(carr1,3);
    show(carr2,3);
    show(carr3,3);
    puts("请告诉我你记住的那张牌所在行数:");
    select=getchar();
    switch(select)                       / * 分支猜你玩家记住的牌 * /
    {
        case '1':
            selected_card=result_process(carr1,carr2,carr3,counter);
            break;
        case '2':
            selected_card=result_process(carr2,carr3,carr1,counter);
            break;
        case '3':
            selected_card=result_process(carr3,carr1,carr2,counter);
            break;
        default:
            puts("你在撒谎!不和你玩了!");
            fflush(stdin);
```

```
            getchar();
            exit(0);
        }
    if( selected_card==NULL)
    {
        fflush(stdin);
        getchar();
        exit(0);
    }
    puts("你猜的牌为:");
    show(selected_card,1);
    puts("我猜得对吧,哈哈~~~~");
    fflush(stdin);
    getchar();
}


/*riffle 的原代码*/
void riffle(Card * cards,int size)
{
    char deck[CARDSIZE];              /*临时数组,用于存储牌*/
    unsigned int seed;                /*作为产生随机数的种子*/
    int deckp=0;                      /*在牌的产生中起着指示作用*/
    seed=(unsigned int)time(NULL);
    srand(seed);                      /*产生随机数*/
    /*洗牌*/
    while(deckp<CARDSIZE)
    {
        char num=rand()%CARDSIZE;
        if((memchr(deck,num,deckp))==0)
        /*memchr()函数从 deck 所指内存区域的前 count 个字节查找字符 ch,当第一次遇到
            字符 ch 时停止查找。如果成功,返回指向字符 ch 的指针;否则返回 NULL*/
        {
            assert(!memchr(deck,num,deckp));
            deck[deckp]=num;
            deckp++;
        }
    }

    /*找 9 张牌给 card*/
    for(deckp=0;deckp<size;deckp++)
    {
        div_t card=div(deck[deckp],SUITSIZE);  //div()函数是将两个整数相除,返回商和余
                                        数,m.quot 是商,m.rem 是余
        cards[deckp].val="A23456789TJQK"[card.rem];   /*把余数给 card.val*/
        cards[deckp].kind="3456"[card.quot];          /*把商给 card.kind*/
    }
}
```

```c
/* show()函数的源代码,将会自动换行 */
void show(const Card * cards,int size)
{
    int i=0;
    for(;i<size;i++)
    {
        printf("%c%c ",cards[i].kind,cards[i].val);
        if((i !=0)&&(((i+1)%3)==0))
            puts("");
    }
    puts("");                                      /*自动换行 */
}


/* grouping()函数的原代码 */
void grouping(const Card * cards,Card * carr1,Card * carr2,Card * carr3)
{
    int i=0;                                        /*循环参数 */
    /*分给 carr1 三个数 */
    while(i<3)
    {
        carr1[i].val=cards[i].val;
        carr1[i].kind=cards[i].kind;
        i++;
    }
    /*分给 carr2 接下来的三个数 */
    while(i<6)
    {
        carr2[i-3].val=cards[i].val;
        carr2[i-3].kind=cards[i].kind;
        i++;
    }
    /*分给 carr3 接下来的三个数 */
    while(i<9)
    {
        carr3[i-6].val=cards[i].val;
        carr3[i-6].kind=cards[i].kind;
        i++;
    }
}


/* rshift()函数的实现 */
void rshift(Card * carr1,Card * carr2,Card * carr3,int counter)
{
    Card temp2;                                    /*用于存放 carr2[counter] */
    Card temp3;                                    /*用于存放 carr3[counter] */
    /* temp=carr2 */
    temp2.val=carr2[counter].val;
    temp2.kind=carr2[counter].kind;
    /* carr2=carr1 */
```

```
        carr2[counter].val=carr1[counter].val;
        carr2[counter].kind=carr1[counter].kind;
        /* temp3=carr3 */
        temp3.val=carr3[counter].val;
        temp3.kind=carr3[counter].kind;
        /* carr3=carr2 */
        carr3[counter].val=temp2.val;
        carr3[counter].kind=temp2.kind;
        /* carr1=carr3 */
        carr1[counter].val=temp3.val;
        carr1[counter].kind=temp3.kind;
    }


/* result_process 的实现 */
Card* result_process(Card * carr1,Card * carr2,Card * carr3,int counter)
{
    int input=1;
    rshift(carr1,carr2,carr3,counter);          /* 把数组的第一个元素依次右移 */
    if(counter==2)
    {
        return(&carr2[2]);
    }
    show(carr1,3);
    show(carr2,3);
    show(carr3,3);
    puts("请给出你记住的牌所在行数:");
    fflush(stdin);
    input=getchar();                            /* 获取你选的组 */
    switch(input)
    {
        case '1':
            return(result_process(carr1,carr2,carr3,++counter));
            break;
        case '2':
            return(&carr2[counter]);
            break;
        default:
            puts("你在撒谎!不和你玩了!");
            return NULL;
    }
}
```

10.2.5 运行结果

(1)游戏开始界面,显示游戏的玩法,产生的牌,并且提示输入你所记住的牌所在的行数。

请记住一张牌千万别告诉我！最多经过下面三次我与你的对话，我就会知道你所记的那张牌！
如果想继续玩，请准确地回答我问你的问题，根据提示回答！
请放心，我不会问你你选了哪张牌的！

♥I　♦9　♣K

♣7　♣2　♦7

♦6　♣4　♦A

请告诉我你记住的那张牌所在行数：

（2）输入你记住的那张牌所在的行数，并且再次提示输入你记住的牌所在行数。

1
♦6　♦9　♣K

♥I　♣2　♦7

♣7　♣4　♦A

请给出你记住的牌所在行数：

（3）再次输入你记住的那张牌所在的行数，并且第三次提示输入你记住的牌所在行数。

1
♦6　♣4　♣K

♥I　♦9　♦7

♣7　♣2　♦A

请给出你记住的牌所在行数：

（4）第三次输入你记住的牌的行数，并且找到你猜的牌，显示结果。

2
你猜的牌为：
♦9
我猜得对吧，哈哈~~~~

拓 展 阅 读

实践是检验真理的唯一标准，这是一个广为人知的哲学观点。它意味着，只有通过实践，我们才能确定某个理论或观点是否真实、有效或正确，它鼓励我们不要仅仅停留在理论或口头上，而是要通过实际行动来验证我们的想法和观点。只有通过实践，我们才能了解某个理论或观点是否能够在现实世界中起作用，是否能够解决实际问题，是否真正具有实用性。

华为致力于成为5G技术的全球领导者，投入了巨大的研发资源来构建自己的5G技术体系。在5G技术的研发初期，华为面临着巨大的不确定性和怀疑。一些国家和业界人士对5G的安全性和实用性提出了质疑。华为没有被质疑所动摇，而是选择通过实践来证明5G技术的价值。他们在全球多个国家和地区开展了5G试点项目，与当地运营商合作建设5G网络，并展示了5G在提高网络速度、降低延迟以及支持物联网等方面的巨大潜力。随着5G网络的逐步部署，华为的5G技术在实践中表现出色，成功支持了高清视频传输、远程医疗和智能交通等多个应用场景，赢得了客户和合作伙伴的信任。华为的5G技术最终在全球范围内得到了广泛认可和应用，证明了"实践是检验真理的唯一标准"。华为通过不断的技术创新和实践应用,确立了自己在5G领域的领导地位。

小米希望利用物联网技术打造一个全新的智能家居生态系统,为用户提供更加便捷和智能的生活方式。在智能家居概念提出之初,市场和消费者对其实用性和可靠性持观望态度。小米决定通过实际产品和用户体验来验证智能家居的价值。小米推出了一系列智能家居产品,包括智能灯泡、智能插座、智能摄像头等,并建立了一个统一的智能家居控制平台。通过这些产品的实际应用,用户可以远程控制家中的电器,实现设备间的智能联动。随着用户对智能家居产品的认可度逐渐提高,小米的智能家居生态系统得到了快速扩张。用户通过实践体验到了智能家居带来的便利和舒适,小米的智能家居产品销量和用户基数持续增长。小米的智能家居生态系统成功地改变了许多人的生活方式,证明了智能家居技术的实际价值。小米通过不断的产品创新和用户体验优化,巩固了其在智能家居领域的领导地位。

这两个故事展示了华为和小米如何通过实践来检验和推动自己的技术创新,最终赢得了市场和消费者的认可。

学习编程,我们必须每天多学一点,多实践一点。这世上没有一鸣惊人,只有厚积薄发。成长没有捷径,只有深耕下去,你才能闪闪发光。让我们多多上机实践吧!

附录 A　常用的 C 语言库函数

1. 数学函数

这些函数包含在头文件 math.h 中。

函数名	函数类型和形参类型	功　　能	返　回　值	说　明
acos	double acos(double x)	计算 $\cos^{-1}(x)$ 的值	计算结果	x 应在 -1 到 1 的范围内
asin	double asin(double x)	计算 $\sin^{-1}(x)$ 的值	计算结果	x 应在 -1 到 1 的范围内
atan	double atan(double x)	计算 $\tan^{-1}(x)$ 的值	计算结果	
atan2	double atan2 (double x, double y)	计算 $\tan^{-1}(x/y)$ 的值	计算结果	
cos	double cos(doulbe x)	计算 $\cos(x)$ 的值	计算结果	x 单位为弧度
cosh	double cosh(double x)	计算 x 的双曲余弦 $\cosh(x)$ 的值	计算结果	
exp	double exp(double x)	求 e^x 的值	计算结果	
fabs	double fabs(double x)	求 x 的绝对值	计算结果	
floor	double floor(double x)	求出不大于 x 的最大整数	该整数的双精度实数	
fmod	double fmod (double x, double y)	求出整除 x/y 的余数	返回余数的双精度数	
frexp	double frexp(double val, int * eptr)	把双精度数 val 分解为数字部分(尾数)x 和以 2 为底的指数 n,即 val$=x*2^n$,n 存放在 eptr 指向的变量中	返回数字部分	
log	double log(double x)	求 $\log_e x$,即 $\ln x$	计算结果	
log10	double log10 (double x)	求 $\log_{10} x$	计算结果	
modf	double modf(double val, double * iptr)	把双精度数 val 分解为整数部分和小数部分,把整数部分存到 iptr 指向的单元中	val 的小数部分	
pow	double pow (double x, double y)	计算 x^y 的值	计算结果	

续表

函数名	函数类型和形参类型	功　　能	返 回 值	说 明
sin	double sin(double x)	计算 $\sin x$ 的值	计算结果	x 的单位为弧度
sinh	double sinh(double x)	计算 x 的双曲正弦函数	计算结果	
sqrt	double sqrt(double x)	计算 x 的开方	计算结果	x 应$\geqslant 0$
tan	double tan(double x)	计算 $\tan(x)$ 的值	计算结果	x 的单位为弧度
tanh	double tanh(double x)	计算 x 的双曲正切函数值	计算结果	

2. 字符函数和字符串函数

ANSI C 标准要求在使用字符串函数时要包含头文件"string.h",在使用字符函数时要包含头文件"ctype.h"。

函数名	函数类型和形参类型	功　　能	返 回 值	包含文件
isalnum	int isalnum(ch) int ch;	检查 ch 是否为字母或数字	是返回1,否则返回 0	ctype.h
isalpha	int isalpha(ch) int ch;	检查 ch 是否为字母	是返回1,不是返回 0	ctype.h
iscntrl	int iscntrl(ch) int ch;	检查 ch 是否为控制字符	是返回1,不是返回 0	ctype.h
isdigit	int isdigit(ch) int ch;	检查 ch 是否为数字(0~9)	是返回1,不是返回 0	ctype.h
isgraph	int isgraph(ch) int ch;	检查 ch 是否为可打印字符(其 ASCII 码在 0x21 到 0x7E),不包括空格	是返回1,不是返回 0	ctype.h
islower	int islower(ch) int ch;	检查 ch 是否为小写字母(a~z)	是返回1,不是返回 0	ctype.h
isprint	int isprint(ch) int ch;	检查 ch 是否为可打印字符(其 ASCII 码在 0x20 到 0x7E),包括空格	是返回1,不是返回 0	ctype.h
ispunct	int ispunct(ch) int ch;	检查 ch 是否为标点字符(不包括空格),即除字母、数字和空格以外的所有可打印字符	是返回1,不是返回 0	ctype.h
isspace	int isspace(ch) int ch;	检查 ch 是否为空格、跳格符(制表符)或换行符	是返回1,不是返回 0	ctype.h
isupper	int isupper(ch) int ch;	检查 ch 是否为大写字母(A~Z)	是返回1,不是返回 0	ctype.h
isxdigit	int isxdigit(ch) int ch;	检查 ch 是否为一个十六进制数学字符(即 0~9,或 A~F,或 a~f)	是返回1,不是返回 0	ctype.h
strcat	char * strcat(str1,str2) char * str1, * str2	把字符串 str2 接到 str1 后面,str1 最后的'\0'被取消	str1	string.h

续表

函数名	函数类型和形参类型	功　能	返　回　值	包含文件
strchr	char * strchr(str,ch) char * str;int ch;	指向 str 字符串中第一次出现 ch 的位置	返回指向该位置的指针,如找不到,则返回空指针	string.h
strcmp	int strcmp(str1,str2) char * str1,* str2;	比较两个字符串 str1、str2	str1＜str2,返回负数;str1＝str2,返回 0;str1＞str2,返回正数	string.h
strcpy	char * strcpy(str1,str2) char * str1,* str2;	把 str2 指向的字符串复制到 str1 中去	返回 str1	string.h
strlen	unsigned int strlen(str) char * str;	统计字符串 str 中字符的个数(不包括终止符'\0')	返回字符个数	string.h
strstr	char * strstr(str1,str2) char * str1,* str2;	找出 str2 字符串在 str1 字符串中第一次出现的位置(不包括 str2 的串结束符)	返回该位置的指针,如找不到,返回空指针	string.h
tolower	int tolower(ch) int ch;	将 ch 字符转换为小写字母	返回 ch 所代表的字符的小写字母	ctype.h
toupper	int toupper(ch) int ch;	将 ch 字符转换为大写字母	返回 ch 所代表的字符的大写字母	ctype.h

3. 输入/输出函数

凡用以下的输入/输出函数,应该使用♯include ＜stdio.h＞把 stdio.h 头文件包含到源文件中。

函数名	函数类型和形参类型	功　能	返　回　值	说　明
clearerr	void clearerr(fp) file * fp;	清除文件指针错误,指示器	无	
close	int close(fp) int fp;	关闭文件	关闭成功返回 0,不成功返回－1	非 ANSI 标准函数
creat	int creat(filename,mode) char * filename; int mode;	以 mode 所指定方式建立文件	成功返回正数,否则返回－1	非 ANSI 标准函数
eof	int eof(fd) int fd;	检查文件是否结束	遇文件结束返回 1,否则返回 0	非 ANSI 标准函数
fclose	int fclose(fp) FILE * fp;	关闭 fp 所指的文件,释放文件缓冲区	有错返回非 0,否则返回 0	
feof	int feof(fp) FILE * fp;	检查文件是否结束	遇文件结束返回非零值,否则返回 0	
fgetc	int fgetc(fp) FILE * fp;	从 fp 所指定的文件中取得下一个字符	返回所得到的字符,若读入出错,返回 EOF	

函数名	函数类型和形参类型	功　　能	返　回　值	说　明
fgets	char * fgets(buf,n,fp) char * buf; int n; FILE * fp;	从 fp 指向的文件读取一个长度为 $n-1$ 的字符串,存入起始地址为 buf 的空间	返回地址 buf,若遇文件结束或出错,返回 NULL	
fopen	FILE * fopen(filename,mode) char * filename, * mode;	以 mode 指定的方式打开名为 filename 的文件	成功,返回一个文件指针,否则返回 0	
fprintf	int fprintf(fp,format,args,…) FILE * fp; char * format;	把 args 的值以 format 指定的格式输出到 fp 所指定的文件中	实际输出的字符数	
fputc	int fputc(ch,fp) char ch; FILE * fp	将字符 ch 输出到 fp 指定的文件中	成功,返回该字符,否则返回 EOF	
fputs	int fputs(str,fp) char * str; FILE * fp	将 str 所指向的字符串输出到 fp 指定的文件中	返回 0,出错返回非 0	
fread	int fread(pt,size,n,fp) char * pt; unsigned size; unsigned n; FILE * fp;	从 fp 所指定的文件中读取长度为 size 的 n 个数据项,存到 pt 所指向的内存区	返回所读的数据项个数,如遇文件结束或出错返回 0	
fscanf	int fscanf(fp,format,args,…) FILE * fp; char format;	从 fp 指定的文件中按 format 给定的格式将输入数据送到 args 所指向的内存单元	已输入的数据个数	
fseek	int fseek(fp,offset,base) FILE * fp; long offset; int base;	将 fp 所指向的文件的位置指针移到以 base 所指出的位置为基准,以 offset 为位移量的位置	返回当前位置,否则返回-1	
ftell	long ftell(fp) FILE * fp;	返回 fp 所指向的文件中的读/写位置	返回 fp 所指向的文件中的读/写位置	
fwrite	int fwrite(ptr,size,n,fp) char * ptr; unsigned size; unsigned n; FILE * fp;	把 ptr 所指向的 n * size 个字节输出到 fp 所指向的文件中	写到 fp 文件中的数据项的个数	
getc	int getc(fp) FILE * fp;	从 fp 所指的文件中读入一个字符	返回所读的字符,若文件结束或出错,返回 EOF	
getchar	int getchar()	从标准输入设备读取下一个字符	所读字符,若文件结束或出错,返回-1	

函数名	函数类型和形参类型	功　　能	返　回　值	说　　明
getw	int getw(fp) FILE * fp;	从 fp 所指的文件中读取下一个字(整数)	输入的整数。如文件结束或出错,返回-1	
open	int open(filename,mode) char * filename; int mode;	以 mode 指定的方式打开已存在的名为 filename 的文件	返回文件号(正数)。如打开失败,返回-1	
printf	int printf(format,args,…) char * format;	将输出表列 args 的值输出到标准输出设备	输出字符的个数,若出错,返回负数	format 可以是一个字符串,或字符数组的起始地址
putc	int putc(ch,fp) int ch; FILE * fp;	把一个字符 ch 输出到 fp 所指的文件中	输出字符 ch,若出错,返回 EOF	
putchar	int putchar(ch) char ch;	把字符 ch 输出到标准输出设备	输出字符 ch,若出错,返回 EOF	
puts	int puts(str) char * str;	把 str 指向的字符串输出到标准输出设备,将'\0'转换成回车换行	返回换行符,若出错,返回 EOF	
putw	int putw(w,fp) int w; FILE * fp;	将一个整数 w(即一个字)写到 fp 指向的文件中	返回输出的整数,若出错,返回 EOF	非 ANSI 标准函数
read	int read(fd,buf,count)int fd; char * buf; unsigned count;	从文件号 fd 所指示的文件中读 count 字节到由 buf 指示的缓冲区中	返回真正读入的字节个数,如遇文件结束返回 0,出错返回-1	非 ANSI 标准函数
rename	int rename(oldname,newname) char * oldname, * newname;	把由 oldname 所指的文件名,改为由 newname 所指的文件名	成功返回 0,出错返回-1	
rewind	void rewind(fp) FILE * fp;	将 fp 指示的文件中的位置指针置于文件开头位置,并清除文件结束标志和错误标志	无	
scanf	int scanf(format,args,…) char * format;	从标准输入设备按 format 指向的格式字符串规定的格式,输入数据给 args 所指向的单元	读入并赋给 args 的数据个数。遇文件结束返回 EOF,出错返回 0	args 为指针
write	int write(fd,buf,count) int fd; char * buf; unsigned count;	从 buf 指示的缓冲区输出 count 个字符到 fd 所标志的文件中	返回实际输出的字节数,出错返回-1	非 ANSI 标准函数

4. 动态存储分配函数

ANSI 标准建议设 4 个有关的动态存储分配的函数，即 calloc()、free()、malloc()和 realloc()。实际上，在许多 C 编译系统实现时，往往增加一些其他函数。ANSI 标准建议在 stdlib.h 头文件中包含有关的信息，但许多 C 编译系统要求采用 malloc.h 文件而不是 stdlib.h 文件。

函数名	函数类型和形参类型	功　能	返　回　值
calloc	void（或 char）＊ calloc（n，size） unsigned n； unsigned size；	分配 n 个数据项的内存连续空间，每个数据项的大小为 size	分配内存单元的起始地址，如不成功，返回 0
free	void free(p) void（或 char）＊ p；	释放 p 所指的内存区	无
malloc	void（或 char）＊ malloc（n，size） unsigned n； unsigned size；	分配 size 字节的存储区	所分配的内存区地址，如内存不够，返回 0
realloc	void（或 char）＊ realloc(p,size) void（或 char）＊ p；unsigned size；	将 f 所指出的已分配内存区的大小改为 size。size 可以比原来分配的空间大或小	返回指向该内存区的指针

附录 B　C 语言常见错误分析

1. 第一类错误分析

（1）在使用变量前未定义。例如：

```
main()
{
    a=1;
    b=2;
    printf("%d\n", a+b);
}
```

（2）语句后面漏写分号或不该加分号的地方加了分号。C 语言规定，语句必须以分号结束，分号是 C 语言不可缺少的一部分，这也是和其他高级语言不同的一点。初学者往往容易忽略这个分号。例如：

```
x=1
y=2;
```

又如，在复合语句中漏写最后一个语句的分号。

```
{
    t=x;
    x=y;
```

```
    y=t
}
```

(3) 不该有空格的地方加了空格。例如,在用/＊…＊/对 C 程序中的任何部分作注释时,/与＊之间都不应当有空格。又如,在关系运算符＜＝、＞＝、＝＝和!＝中,两个符号之间也不允许有空格。

(4) 定义或引用数组的方式不对。C 语言规定,在对数组进行定义或对数组元素进行引用时必须要用方括号(对二维数组或多维数组的每一维数据都必须分别用方括号括起来)。例如,以下写法都将造成编译时出错。

```
int a(10); int b[5,4];
printf("%d\n",
b[1+2,2]);
```

(5) 混淆字符和字符串。C 语言中的字符常量是由一对单引号括起来的单个字符;而字符串常量是用一对双引号括起来的字符序列。字符常量存放在字符型变量中,而字符串常量只能存放在字符型数组中。例如,假设已说明 num 是字符型变量,则以下赋值语句是非法的:

```
num="1";
```

(6) 在引用数组元素或指针变量之前没对其赋初值。例如:

```
main()                      main()
{                           {
    int a[6],b;                 int * ptr, i=1;
    b=a[5];                     * ptr=i
    ...                         ...
}                           }
```

以上两个程序段在编译时均会出现警告信息。

(7) 混淆数组名与指针变量。在 C 语言中,数组名代表数组的首地址,它的值是一个常量,不能被修改。例如,在以下程序段中,用 a＋＋是不合法的。

```
main()
{
    int i, a[10];
    for (i=0;i<10;i++)
    scanf("%d",a++);
        ...
}
```

(8) 混淆不同类型的指针。例如,有以下语句:

```
int * p1, a=1;
float * p2;
p1=&a;
```

则赋值语句 p2＝p1 是非法的。

（9）混淆指针说明语句中的 ∗ 号和执行语句中的 ∗ 号。设有以下说明语句：

```
int * p1, i=1;
```

则 ∗ p1＝&i;是不合法的。

（10）误将函数形参和函数中的局部变量一起定义。例如：

```
fun(x,y)
float x, y, z;
{
    x++; y++; z=x+y;
    ...
}
```

（11）所调用的函数在调用前未定义。

```
main()
{
    float a=1.0, b=2.0, c;
    c=fun(a,b);
        ...
}
float fun(x, y)
float x, y;
{
    x++; y++;
        ...
}
```

（12）混淆结构体类型名和结构体变量名。若定义了以下结构体类型 student：

```
struct student
{
    long int num;
    char name[20];
    int age;
    float score;
};
```

则赋值语句"student.num＝199401;"是错误的。

2. 第二类错误分析

（1）在用 scanf()函数给普通变量输入数据时,在变量名前漏写地址运算符 &。例如：

```
scanf("%d%d", x, y);
```

（2）在 scanf()函数调用语句中,企图规定输入实型数据的小数位。例如,执行以下语句：

```
scanf("%6.2f", &a);
```

（3）输入数据时的数据形式与要求不符。用 scanf()函数输入数据时,必须注意要与

scanf()语句中的对应形式匹配。例如：

```
scanf("%d,%d",&x, &y);
```

若按以下形式输入数据：

```
2 4
```

是不合法的。数据 2 和 4 之间应当有逗号。

（4）输入、输出时的数据类型与所用格式说明符不匹配。例如，有以下说明语句：

```
int x=1; float y=2.5;
```

则运行时执行语句：

```
printf("x=%f, y=%d\n", x, y);
```

将给出与原意不符的结果（在 TURBO C 2.0 下运行）。

（5）混淆"="和"=="。在 C 语言中，"="是赋值运算符，"=="是关系运算符。

（6）在不该出现分号的地方加了分号。例如：

```
if(x>y);
    printf("x is larger than y. \n");
```

（7）对于复合语句，忘记加花括号。例如：

```
i=1; a=0;
while (i<=10)
a+=i; i++;
printf("a=%d\n",a);
```

（8）误把数组说明时所定义的元素个数作为最大下标值使用。C 语言规定，引用数组元素时下标从 0 开始，即下标值的下限为 0，而下标的上限值是数组定义时元素个数减 1。

（9）在 switch 语句的各分支中未使用 break 语句。例如：

```
switch(grade)
{
    case'A': printf("85 100\n");
    case'B': printf("70 84\n");
    case'C': printf("60 69\n");
    case'D': printf("<60\n");
    default:
    printf("Error\n");
}
```

（10）混淆 break 语句和 continue 语句的作用。例如：

```
do
{
    scanf("%d",&x);
    if(x>0) break;
    printf("%d\n",x);
```

```
}while(x!=0);
```

（11）使用＋＋或－－运算符时易犯的错误。例如：

```
main()
{
    int a[5]={1,2,3,4,5}, * p;
    p=a;
    printf("%d\n", * (p++));
    ...
}
```

（12）误解形参值的变化会影响实参的值。例如：

```
main()
{
    int a=1, b=3;
    swap(a, b);
    printf("a=%d, b=%d\n",a,b);
}
swap(x,y)
int x,y;
{
    int m;
    m=x; x=y; y=m;
}
```

原来想通过调用 swap( )函数使 a 与 b 的值对换,然而,从输出结果可知 a 和 b 的值并未进行交换。

3. 常见错误信息语句英文索引

Ambiguous operators need parentheses：不明确的运算需要用括号括起。

Ambiguous symbol 'xxx'：不明确的符号。

Argument list syntax error：参数表语法错误。

Array bounds missing] in function main：缺少数组界限符"]"。

Array bounds missing：丢失数组界限符。

Array size too large：数组尺寸太大。

Bad character in paramenters：参数中有不适当的字符。

Bad file name format in include directive：包含命令中文件名格式不正确。

Bad ifdef directive synatax：编译预处理 ifdef 有语法错。

Bad undef directive syntax：编译预处理 undef 有语法错。

Bit field too large：位字段太长。

Call of non-function：调用未定义的函数。

Call to function with no prototype：调用函数时没有函数的说明。

Cannot modify a const object：不允许修改常量对象。

Case outside of switch：漏掉了 case 语句。

Case syntax error：case 语法错误。

Code has no effect：代码不可述、不可能执行到。

Compound statement missing{：分程序漏掉"{"。

Conflicting type modifiers：不明确的类型说明符。

Constant expression required：要求常量表达式。

Constant out of range in comparison：在比较中常量超出范围。

Conversion may lose significant digits：转换时会丢失意义的数字。

Conversion of near pointer not allowed：不允许转换近指针。

Could not find file 'xxx'：找不到 xxx 文件。

Declaration missing ;：说明缺少";"。

Declaration syntax error：说明中出现语法错误。

Default outside of switch：Default 出现在 switch 语句之外。

Define directive needs an identifier：定义编译预处理需要标识符。

Division by zero：用零作为除数。

Do statement must have while：Do-while 语句中缺少 while 部分。

Enum syntax error：枚举类型语法错误。

Enumeration constant syntax error：枚举常数语法错误。

Error directive：xxx：错误的编译预处理命令。

Error writing output file：写输出文件错误。

Expression syntax error：表达式语法错误。

Extra parameter in call：调用时出现多余错误。

File name too long：文件名太长。

Function call missing)：函数调用缺少右括号。

Function definition out of place：函数定义位置错误。

Function should return a value：函数必须返回一个值。

Goto statement missing label：Goto 语句没有标号。

Hexadecimal or octal constant too large：十六进制或八进制常数太大。

Illegal character 'x'：非法字符 x。

Illegal initialization：非法的初始化。

Illegal octal digit：非法的八进制数字。

Illegal pointer subtraction：非法的指针相减。

Illegal structure operation：非法的结构体操作。

Illegal use of floating point：非法的浮点运算。

Illegal use of pointer：指针使用非法。

Improper use of a typedefsymbol：类型定义符号使用不恰当。

In-line assembly not allowed：不允许使用行间汇编。

Incompatible storage class：存储类别不相容。

Incompatible type conversion：不相容的类型转换。

Incorrect number format：错误的数据格式。

Incorrect use of default：Default 使用不当。

Invalid indirection：无效的间接运算。

Invalid pointer addition：指针相加无效。

Irreducible expression tree：无法执行的表达式运算。

Lvalue required：需要逻辑值 0 或非 0 值。

Macro argument syntax error：宏参数语法错误。

Macro expansion too long：宏的扩展以后太长。

Mismatched number of parameters in definition：定义中参数个数不匹配。

Misplaced break：此处不应出现 break 语句。

Misplaced continue：此处不应出现 continue 语句。

Misplaced decimal point：此处不应出现小数点。

Misplaced elif directive：不应编译预处理 elif。

Misplaced else：此处不应出现 else。

Misplaced else directive：此处不应出现编译预处理 else。

Misplaced endif directive：此处不应出现编译预处理 endif。

Must be addressable：必须是可以编址的。

Must take address of memory location：必须存储定位的地址。

No declaration for function 'xxx'：没有函数 xxx 的说明。

No stack：缺少堆栈。

No type information：没有类型信息。

Non-portable pointer assignment：不可移动的指针（地址常数）赋值。

Non-portable pointer comparison：不可移动的指针（地址常数）比较。

Non-portable pointer conversion：不可移动的指针（地址常数）转换。

Not a valid expression format type：不合法的表达式格式。

Not an allowed type：不允许使用的类型。

Numeric constant too large：数值常太大。

Out of memory：内存不够用。

Parameter 'xxx' is never used：能数 xxx 没有用到。

Pointer required on left side of －＞：符号－＞的左边必须是指针。

Possible use of 'xxx' before definition：在定义之前就使用了 xxx(警告)。

Possibly incorrect assignment：赋值可能不正确。

Redeclaration of 'xxx'：重复定义了 xxx。

Redefinition of 'xxx' is not identical：xxx 的两次定义不一致。

Register allocation failure：寄存器定址失败。

Repeat count needs an lvalue：重复计数需要逻辑值。

Size of structure or array not known：结构体或数组大小不确定。

Statement missing；：语句后缺少";"。

Structure or union syntax error：结构体或联合体语法错误。

Structure size too large：结构体尺寸太大。

Sub scripting missing]：下标缺少右方括号。

Superfluous & with function or array：函数或数组中有多余的"&"。

Suspicious pointer conversion：可疑的指针转换。

Symbol limit exceeded：符号超限。

Too few parameters in call：函数调用时的实参少于函数的参数。

Too many default cases：Default 太多（switch 语句中一个）。

Too many error or warning messages：错误或警告信息太多。

Too many type in declaration：说明中类型太多。

Too much auto memory in function：函数用到的局部存储太多。

Too much global data defined in file：文件中全局数据太多。

Two consecutive dots：两个连续的句点。

Type mismatch in parameter xxx：数 xxx 类型不匹配。

Type mismatch in redeclaration of 'xxx'：xxx 重定义的类型不匹配。

Unable to create output file 'xxx'：无法建立输出文件 xxx。

Unable to open include file 'xxx'：无法打开被包含的文件 xxx。

Unable to open input file 'xxx'：无法打开输入文件 xxx。

Undefined label 'xxx'：没有定义的标号 xxx。

Undefined structure 'xxx'：没有定义的结构 xxx。

Undefined symbol 'xxx'：没有定义的符号 xxx。

Unexpected end of file in comment started on line xxx：从 xxx 行开始的注解尚未结束文件不能结束。

Unexpected end of file in conditional started on line xxx：从 xxx 开始的条件语句尚未结束文件不能结束。

Unknown assemble instruction：未知的汇编结构。

Unknown option：未知的操作。

Unknown preprocessor directive：'xxx'：不认识的预处理命令 xxx。

Unreachable code：无路可达的代码。

Unterminated string or character constant：字符串缺少引号。

User break：用户强行中断了程序。

Void functions may not return a value：void 类型的函数不应有返回值。

Wrong number of arguments：调用函数的参数数目错。

'xxx' not an argument：xxx 不是参数。

'xxx' not part of structure：xxx 不是结构体的一部分。

xxx statement missing（：xxx 语句缺少左括号。

xxx statement missing)：xxx 语句缺少右括号。

xxx statement missing；：xxx 缺少分号。

'xxx' declared but never used：说明了 xxx 但没有使用。

'xxx' is assigned a value which is never used：给 xxx 赋了值但未用过。

Zero length structure：结构体的长度为零。

附录 C　ASCII 码表

ASCII 值	控制字符	ASCII 值	控制字符	ASCII 值	控制字符	ASCII 值	控制字符
0	NUL	32	（space）	64	@	96	、
1	SOH	33	!	65	A	97	a
2	STX	34	"	66	B	98	b
3	ETX	35	♯	67	C	99	c
4	EOT	36	$	68	D	100	d
5	ENQ	37	%	69	E	101	e
6	ACK	38	&	70	F	102	f
7	BEL	39	,	71	G	103	g
8	BS	40	(	72	H	104	h
9	HT	41	)	73	I	105	i
10	LF	42	*	74	J	106	j
11	VT	43	+	75	K	107	k
12	FF	44	,	76	L	108	l
13	CR	45	—	77	M	109	m
14	SO	46	.	78	N	110	n
15	SI	47	/	79	O	111	o
16	DLE	48	0	80	P	112	p
17	DC1	49	1	81	Q	113	q
18	DC2	50	2	82	R	114	r
19	DC3	51	3	83	S	115	s
20	DC4	52	4	84	T	116	t
21	NAK	53	5	85	U	117	u
22	SYN	54	6	86	V	118	v
23	ETB	55	7	87	W	119	w
24	CAN	56	8	88	X	120	x
25	EM	57	9	89	Y	121	y
26	SUB	58	:	90	Z	122	z
27	ESC	59	;	91	[	123	{
28	FS	60	<	92	/S	124		
29	GS	61	=	93	]	125	}
30	RS	62	>	94	^	126	~
31	US	63	?	95	_	127	DEL

ASCII 码表中一些控制字符的含义说明如下。

控制字符	含　义	控制字符	含　义	控制字符	含　义
NUL	空	VT	垂直制表	SYN	空转同步
SOH	标题开始	FF	走纸控制	ETB	信息组传送结束
STX	正文开始	CR	回车	CAN	作废
ETX	正文结束	SO	移位输出	EM	纸尽
EOT	传输结束	SI	移位输入	SUB	换置
ENQ	询问字符	DLE	空格	ESC	换码
ACK	承认	DC1	设备控制 1	FS	文字分隔符
BEL	报警	DC2	设备控制 2	GS	组分隔符
BS	退一格	DC3	设备控制 3	RS	记录分隔符
HT	横向列表	DC4	设备控制 4	US	单元分隔符
LF	换行	NAK	否定	DEL	删除

附录 D　习题参考解答

习题 1 答案

一、填空题

1. main()　　2. 函数头（函数说明部分）、函数体（函数执行部分）　　　3. ;

4. 目标文件、.obj　　5. main()函数

二、选择题

1. A　　2. D　　3. C　　4. D　　5. A　　6. C　　7. C　　8. B

习题 2 答案

一、填空题

1. 8、1　　2. 0x 或 0X　　3. '\0'　　4. #include<stdio.h>或 #include "stdio.h"

5. 字符数组、char 字符数组名[长度]　　6. 2.5

二、选择题

1. C　　2. A　　3. A　　4. D　　5. D　　6. B　　7. D　　8. A　　9. D

10. B　　11. C　　12. B　　13. B　　14. B　　15. C　　16. A　　17. C　　18. D

三、编程题

1.

```c
#include <stdio.h>                              /*文件包含命令*/
main()                                          /*主函数*/
{
    float f1,f2,f3,s;                            /*定义四个实型变量*/
    printf("input three floats:")               /*显示提示信息*/
```

```
    scanf("%f%f%f",&f1,&f2,&f3);              /*接收三个整型变量*/
    s=f1+f2+f3;                               /*求三个变量之和,存入变量 s*/
    printf("sum of f1,f2,f3 is %.2f",s);      /*输出求出的和*/
}
```

2.

```
#include <stdio.h>
main()
{
    int a,b,t;
    printf("input two numbers:")
    scanf("%d%d",&a,&b);
    printf("a=%d,b=%d",a,b);                  /*输出交换之前变量的值*/
    t=a;a=b;b=t;                              /*交换处理*/
    printf("a=%d,b=%d",a,b);                  /*输出交换之后变量的值*/
}
```

3.

```
#include <stdio.h>                            /*文件包含命令*/
main( )                                       /*主函数*/
{
    char ch1,ch2;                             /*定义两个字符型变量*/
    printf("input an upper letter:")          /*显示提示信息*/
    scanf("%c",&ch1);                         /*接收一个大写字母*/
    ch2=ch1+32;                               /*把大写字母转换为小写字母*/
    printf("lower of letter %c is %c",ch1,ch2); /*输出*/
}
```

4.

```
#include <stdio.h>                            /*文件包含命令*/
main( )                                       /*主函数*/
{
    int num,bit1,bit2,bit3,bit4;              /*定义四个实型变量*/
    printf("input a number:")                 /*显示提示信息*/
    scanf("%d",&num);                         /*接收一个整型数据*/
    bit1=num%10;                              /*求个位数字*/
    bit2=num/10%10;                           /*求十位数字*/
    bit3=num/100%10;                          /*求百位数字*/
    bit4=num/1000 ;                           /*求千位数字*/
    printf("%d 个位:%d,十位:%d,百位:%d,千位:%d",num,bit1,bit2,bit3,bit4);
                                              /*输出整数和各数据位*/
}
```

习题 3 答案

一、填空题

　　1. 12,345,187 ✓　　2. 1　　3. y%2==1　　4. x>2&&x<3 ‖ x<−10

5. x<z&&y>z‖x>z&&y<z   6. x<0 && y * z<0 ‖ y<0 && z<0

二、选择题

1. B   2. C   3. C   4. B   5. D   6. D   7. A

三、编程题

1.

```c
#include <stdio.h>
main()
{
    int year;
    printf("请输入年份:");
    scanf("%d",&year);
    if((year%4==0) && (year%100!=0))‖(year%400==0)
        printf("%d 是闰年\n",year);
    else
    printf("%d 不是闰年\n",year);
}
```

2.

```c
#include <stdio.h>
main()
{
    int a=0,b=0,c=0,t=0;
    printf("Input a,b,c:");
    scanf("%d%d%d",&a,&b,&c);
    printf("a=%d,b=%d,c=%d\n",a,b,c);
    if(a>b)
    {t=a;a=b;b=t;}
    if(b>c)
    {t=b;b=c;c=t;}
    if(a>b)
    {t=a;a=b;b=t;}
    printf("a=%d,b=%d,c=%d\n",a,b,c);
}
```

3.

```c
#include <stdio.h>
main()
{
    int num;
    printf ("Enter a number between 1 to 9,please!");
    scanf ("%d",&num);
    switch (num)
    {
        case 1:
        case 2:
```

```
            case 3:
            case 4:
            case 5:
                printf ("You entered 5 or below!\n");
                break;
            case 6:
            case 7:
            case 8:
            case 9:
                printf ("You entered 6 or higher!\n");
                break;
            default:
                printf ("Between 1 to 9,please!");
    }
}
```

4.

```
#include <stdio.h>
main()
{
    float h,w,t;int k;
    printf("Please enter h,w:");
    scanf("%f%f",&h,&w);
    t=w/(h * h);
    k=1 * (t<18)+2 * (t>=18&&t<25)+3 * (t>=25&&t<27)+4 * (t>=27);
    switch (k)
    {
        case 1: printf("t=%7.2f\tLower weight!\n",t);
            break;
        case 2: printf("t=%7.2f\tStandard weight!\n",t);
            break;
        case 3: printf("t=%7.2f\tHigher weight!\n",t);
            break;
        case 4: printf("t=%7.2f\tToo fat!\n",t);
            break;
        default: ;
    }
}
```

5.

```
#include <stdio.h>
main()
{
    float a=5.0,b=2.0,c=0.0;
    char sym='\0';
    printf("Please choose\n");
    printf("+: addition\n");
    printf("-: subtraction\n");
```

```
        printf("* : multiplication\n");
        printf("/ : division\n");
        sym=getchar();
        printf("%f%c%f=",a,sym,b);
        switch(sym)
        {
            case '+': c=a+b;break;
            case '-': c=a-b;break;
            case '*': c=a*b;break;
            case '/': c=a/b;break;
        }
        printf("%f\n",c);
}
```

6.

```
#include <stdio.h>
main()
{
    int x1,x2;
    char opt;
    printf ("请输入一个四则运算式:");
    scanf ("%d%c%d",&x1,&opt,&x2);
    switch (opt)
    {
        case '+':
            printf ("x1+x2=%d\n",x1+x2);
            break;
        case '-':
            printf ("x1-x2=%d\n",x1-x2);
            break;
        case '*':
            printf ("x1*x2=%d\n",x1*x2);
            break;
        case '/':
            if (x2 !=0)
                printf ("x1/x2=%d\n",x1/x2);
            else
                printf ("division by zero!\n");
            break;
        default:
            printf ("unknown operator!\n");
            break;
    }
}
```

7.

```
#include <stdio.h>
main()
```

```
{
    char ch1,ch2;                    /* 0 表示石头,1 表示剪刀,2 表示布 */
    printf("请选择石头(0)、剪刀(1)、布(2)\n");
    printf("玩家 1:\n");
    ch1=getchar();                   //对应 scanf("%c",&ch1);
    getchar();                       //读取"回车键"字符
    printf("玩家 2:\n");
    ch2=getchar();                   //对应 scanf("%c",&ch2);
    if (ch1==ch2)
    printf ("平局!\n");
    if (ch1-ch2==-1|| ch1-ch2==2)
        printf ("玩家 1 胜!玩家 2 负!\n");
    if (ch1-ch2==1||ch1-ch2==-2)
        printf ("玩家 1 输!玩家 2 赢!\n");
}
```

习题 4 答案

一、填空题

1. do-while 　　2. 123 　　3. 循环、多分支选择 　　4. 当前循环层、本次循环

5. 0

二、选择题

1. D 　　2. B 　　3. C 　　4. A 　　5. C 　　6. B

三、程序分析题

1. 程序的功能是求 1 到 5 的平方和。程序的整个输出是:Total is 45。

2. if 语句中所列出的条件"(j%2) && (j%3)",是求两个算术表达式的值的"逻辑
与"运算。这个 if-else 语句的含义是:只有当变量 j 既不被 2 除尽也不被 3 除尽时,有语
句"m++;";否则有语句"n++;"。因此,整个 for 循环程序段的功能是用变量 m 记录
在 0~10 既不被 2 除尽也不被 3 除尽的数的个数;用变量 n 记录其他数的个数。了解了
程序段的功能,就可知其运行后 m 和 n 的取值分别是 3 与 7。

3. 程序运行结果如下:

j=6

4. 最后输出为 0。这是因为在 while 循环里,最后判别到 x 为 0 时,循环停止。但在
x 上还要进行"--"操作,从而退出循环后 x 的真正取值是-1。然而在打印时,又先对 x
进行"++"操作。所以最后输出为 0。

5. 程序运行结果如下:

0 2 6

四、编程题

1. 程序编写如下。

(1) 用 while 循环语句

```
#include <stdio.h>
```

```
main()
{
    int j=1,sum=0;
    while (j<=100)
    {
        sum=sum+j;                          //或 sum+=j;
        j++;                                //或++j;或 j=j+1;
    }
    printf ("1+2+…+100=%d\n",sum);
}
```

（2）用 do-while 循环语句

```
#include <stdio.h>
main()
{
    int j=1,sum=0;
    do
    {
        sum=sum+j;
        j++;
    } while (j<=100);
    printf ("1+2+…+100=%d\n",sum);
}
```

（3）用 for 循环语句

```
#include <stdio.h>
main()
{
    int j,sum=0;
    for (j=1;j<=100;j++)
    {
        sum=sum+j;
    }
    printf ("1+2+…+100=%d\n",sum);
}
```

2.

```
#include <stdio.h>
main()
{
    float x,sum=0.0;
    int j=1;
    do
    {
        x=1.0/j;                            //在 x 里不断形成 1/n
        sum+=x;
        j++;
    }while (x>0.00984);
```

```
        printf ("Loop's number is %d\n",j-1);
        printf ("sum=%f\n",sum);
}
```

3.

```
#include <math.h>
main()
{
    int s;
    float n,t,pi;
    t=1,pi=0;n=1.0;s=1;
    while(fabs(t)>1e-6)
    {   pi=pi+t;
        n=n+2;
        s=-s;
        t=s/n;
    }
    pi=pi*4;
    printf("pi=%10.6f\n",pi);
}
```

4.

```
#include <stdio.h>
main()
{
    float n,s=0,p=1;
    for(n=1;n<=10;n++)
    {
        p=p*n;
        if (n%2==0)
            s=s+p;
    }
    printf("2!+4!+…+10!=%e\n",s);
}
```

5.

```
#include <stdio.h>
main()
{
    int n,t,number=20;
    float a=2,b=1,s=0;
    for(n=1;n<=number;n++)
    {
        s=s+a/b;
        t=a;a=a+b;b=t;               //这部分是程序的关键
    }
    printf("sum is %9.6f\n",s);
}
```

6.

```c
#include <stdio.h>
main()
{
  int i,j,k;
  for (i=1;i<10;i++)
      for (j=0;j<10;j++)
          for (k=0;k<10;k++)
              if (i*i*i+j*j*j+k*k*k==1099)
                  printf ("%1d%1d%1d\n",i,j,k);
}
```

7.

```c
#include <stdio.h>
main()
{
    char ch;
    while ((ch=getchar()) !='#')
        putchar(ch);
}
```

8.

```c
#include <stdio.h>
main()
{
    int i=1,sum=1;
    while(i<=10)
    {
        sum*=i;
        printf("%d\n",sum);
        i++;
    }
}
```

9.

```c
#include <stdio.h>
main()
{
    int n,count=0;
    scanf("%d",&n);
    while(n>1)
    {
        if(n%2==1) n=n*3+1;
        else n/=2;
        count++;
    }
```

```
    printf("%d\n",count);
}
```

10.

```
#include <stdio.h>
main()
{
    int i,j,k,n;
    printf("'water flower'number is:");
    for(n=100;n<=999;n++)
    {
        i=n/100;                        //分解出百位
        j=n/10%10;                      //分解出十位
        k=n%10;                         //分解出个位
        if(n==i*i*i+j*j*j+k*k*k)
            printf("%-5d",n);
    }
}
```

11.

```
#include <stdio.h>
main()
{
    int x,y,z;
    printf("Man \t Women \t Childern\n");
    for (x=0;x<=16;x++)
        for (y=0;y<=25;y++)
        {
            z=30-x-y;
            if (3*x+2*y+z==50)
                printf("%3d\t%5d\t%8d\n",x,y,z); }
}
```

12.

```
#include <stdio.h>
#include <math.h>
main()
{
    int m,i,k;
    scanf("%d",&m);
    k=sqrt(m);
    for(i=2;i<=k;i++)
        if(m%i==0)
            break;
    if(i>k)
        printf("%d is a prime number\n",m);
    else
        printf("%d is not a prime number\n",m);
}
```

13.

```c
#include <stdio.h>
#include <math.h>
main()
{
    int m,i,k,n=1;
    printf("2");                              //2是偶数,同时又是素数,特殊处理
    for(m=3;m<=1000;m=m+2)
    {
        k=sqrt(m);
        for(i=2;i<=k;i++)
            if(m%i==0)
                break;
        if(i>=k+1)
        {
            printf("%d",m);
            n++;
            if(n%10==0)printf("\n");          //控制每输出10个数换行
        }
    }
    printf("\n");
}
```

14.

```c
#include <stdio.h>
main()
{
    long int f1,f2;
    int i;
    f1=1,f2=1;
    for(i=1;i<=20;i++)
    {
        printf("%12ld %12ld",f1,f2);
        if(i%2==0)
            printf("\n");
        f1=f1+f2;
        f2=f2+f1;
    }
}
```

15.

```c
#include <stdio.h>
main()
{
    int a,n,count=1;
    long int sn=0,tn=0;
    printf("please input a and n\n");
    scanf("%d,%d",&a,&n);
```

```
        printf("a=%d,n=%d\n",a,n);
        while(count<=n)
        {
            tn=tn+a;
            sn=sn+tn;
            a=a*10;
            ++count;
        }
        printf("a+aa+…=%ld\n",sn);
}
```

16.

```
#include <stdio.h>
main()
{
    int n,m,t,a,b;
    printf("input two int n m\n");
    printf("n=");
    scanf ("%d",&n);
    printf("m=");
    scanf ("%d",&m);
    if (n>m){t=n;n=m;m=t;}
    a=n;b=m;
    while(b!=0)
    {
        t=a%b;
        a=b;
        b=t;
    }
    printf("%d %d>>%d\n",n,m,a);
    printf("%d\n",n*m/a);
}
```

17.

```
#include <stdio.h>
main()
{
    int i,j;
    printf("\1\1\n");
    for(i=1;i<11;i++)
    {
        for(j=1;j<=i;j++)
            printf("%c%c",219,219);
        printf("\n");
    }
}
```

习题 5 答案

一、填空题

1. 数据类型　　2. 下标值　　3. 7　　4. 1010101010　　5. 0

二、选择题

1. C　　2. D　　3. B　　4. D　　5. D

三、编程题

1.

```c
#include <stdio.h>
main()
{
    int a[]={12,5,8,19,22,-4,66,-17,28,13},i,max,min,len,temp;
    len=sizeof(a)/sizeof(int);
    printf("数组元素为: \n");
    for(i=0;i<len;i++)
        printf("%d ",a[i]);
    printf("\n");
    max=0;
    min=0;
    for(i=1;i<len;i++)
    {
        if(a[max]<a[i])
            max=i;
        if(a[min]>a[i])
            min=i;
    }
    if(min!=0)
    {
        temp=a[0];
        a[0]=a[min];
        a[min]=temp;
    }
    if(max!=len-1)
    {
        temp=a[len-1];
        a[len-1]=a[max];
        a[max]=temp;
    }

    printf("处理后的数组: \n");
    for(i=0;i<len;i++)
        printf("%d ",a[i]);
    printf("\n");
}
```

2.

```c
#include <stdio.h>
#include <string.h>
main()
{
    char ch[10000];
    int i,no[4]={0};
    printf("请输入选票结果：\n");
    scanf("%s",&ch);
    for(i=0;i<strlen(ch);i++)
    {
        switch(ch[i])
        {
            case 'A':
                no[0]++;
                break;
            case 'B':
                no[1]++;
                break;
            case 'C':
                no[2]++;
                break;
            case 'D':
                no[3]++;
                break;
        }
    }
    printf("统计结果：\n");
    printf("A 候选人得票为：%d\n",no[0]);
    printf("B 候选人得票为：%d\n",no[1]);
    printf("C 候选人得票为：%d\n",no[2]);
    printf("D 候选人得票为：%d\n",no[3]);
}
```

3.

```c
#include <stdio.h>
main()
{
    int j,k;
    int new1[3][3];
    int old[3][3]={1,2,3,4,5,6,7,8,9};
    printf("the old array:\n");
    for(j=0;j<3;j++)
    {
        for(k=0;k<3;k++)
```

```
        {
            printf("%4d",old[j][k]);
            new1[k][j]=old[j][k];
        }
        printf("\n");
    }
    printf("the new array:\n");
    for(j=0;j<3;j++)
    {
        for (k=0;k<3;k++)
            printf("%4d",new1[j][k]);
        printf("\n");
    }
}
```

4.

```
#include <string.h>
#include <stdio.h>
main()
{
    int count=3,lock=0;
    char ch[10];
    while(count--)
    {
        printf("请输入密码: ");
        gets(ch);
        if (!strcmp(ch,"GDIT"))
        {
            printf("%s\n","Now, you can do something!"),lock=1;
            break;
        }
        else
        {
            printf("%s\n","Invalid password. Try again!");
            continue;
        }
    }
    if(lock==0) printf("%s\n","I am sorry, bye-bye!");
}
```

习题 6 答案

一、填空题

1. main()　　2. 实际参数、形式参数　　3. void　　4. 递归调用

5. 函数体内有效

二、选择题

1. D　　2. A　　3. C　　4. B　　5. D　　6. C

三、编程题

1.

```c
#include <stdio.h>
main()
{
    int n;
    int sum(int n);
    printf("Please input Number to n:");
    scanf("%d",&n);
    printf("sum=%d",sum(n));
}
//循环计算
int sum(int n)
{
    int s=0;
    while(n)
    {
        s=s+n%10;
        n=n/10;
    }
    return s;
}
//递归计算
int sum(int n)
{
    if (n==0) return 0;
    else return sum(n/10)+n%10;
}
```

2.

```c
#include <stdio.h>
main()
{
    int n,s=0;
    int squ(int n);
    printf("Please input Number to n:");
    scanf("%d",&n);
    printf("sum=%d",squ(n));
}
//循环计算
int squ(int n)
{
    int i,s=0;
    for(i=1;i<=n;i++)
```

```
        s=s+i*i;
        return s;
}
//递归计算
int squ(int n)
{
    if(n==0) return 0;
    return squ(n-1)+n*n;
}
```

3.

```
bt(int x)
{
    a=a+x/100;
    b=b+x%100/50;
    c=c+x%50/10;
    d=d+x%10;
}
```

4.

```
#define N 10
#include <stdio.h>
int sort(int a[],int n)
{
    int i,j,temp;
    for(i=1;i<n;i++)
        for(j=1;j<=n-i;j++)
            if(a[j-1]>a[j])
            {
                temp=a[j-1];a[j-1]=a[j];a[j]=temp;
            }
            return 0;
}
int main()
{
    int a[N],n,i;
    printf("请输入%d个数组元素:",N);
    for(i=0;i<N;i++)
        scanf("%d",&a[i]);
    sort(a,N);
    printf("输出从小到大排序后的数组元素:");
    for(i=0;i<N;i++)
        printf("%d ",a[i]);
    printf("\n");
}
```

5.

```
#include <stdio.h>
```

```
main()
{
    int n;
    int sum(int n);
    printf("Please input Number to n:");
    scanf("%d",&n);
    printf("sum=%d",sum(n));
}
int sum(int n)
{
    if(n==0) return 0;
        return sum(n-1)+n;
}
```

习题 7 答案

一、填空题

　　1. 21,43　　　2. 40　　　3. 20

二、编程题

　　1.

```
struct student                          //定义一种结构体类型
{
    int num;
    char name[20];
    char sex;
    int age;
    long phoneNum;
};
#include <stdio.h>
main()
{
    struct student stu[5];
    int i;
    for(i=0;i<5;i++)
        scanf("%d %s %c %d %ld", &stu[i].num, stu[i].name, &stu[i].sex, &stu[i].
            age, &stu[i].phoneNum);
    for(i=0;i<5;i++)
        printf("%d %s %c %d %ld\n", stu[i].num, stu[i].name, stu[i].sex, stu[i].
            age, stu[i]. phoneNum);
}

2.

#include <stdio.h>
main()
{
    struct student                      //结构数据类型 student 的定义
```

```
    {
        char name[20];
        float math,physics,language;
    }stus[10];                    //在此说明有 10 个元素的结构数组
    int j,sum[10];
    printf ("Please enter student data:\n");
    for (j=0;j<10;j++)            //输入学生有关信息的循环
    {
        printf ("name: ");
        scanf ("%s",stus[j].name);
        printf ("math: ");
        scanf ("%f",&stus[j].math);
        printf ("physics: ");
        scanf ("%f",&stus[j].physics);
        printf ("language: ");
        scanf ("%f",&stus[j].language);
    }
    for (j=0;j<10;j++)            //求出学生成绩累加和的循环
        sum[j]=stus[j].math+stus[j].physics+stus[j].language;
    for (j=0;j<10;j++)            //打印学生姓名和总成绩的循环
        printf ("%s\t%5.2f\n",stus[j].name,sum[j]);
}
```

习题 8 答案

一、填空题

1. 地址、NULL　　2. 8　　3. 19　　4. 0　　5. '\0'、++

二、选择题

1. B　　2. B　　3. C　　4. D　　5. D　　6. D　　7. B　　8. B　　9. A

10. B

三、编程题

1.

```
#include <stdio.h>
int count(char * p)
{
    int i,let=0;
    for(; * p!='\0';p++)
        if( * p>='A' && * p<='Z')
            let++;
        return(let);
}
main()
{
    char s[]="ABre234#!EF3T";
    printf("%d\n",count(s));
}
```

2.

```
#include <stdio.h>
main()
{
    char s[]="1234567", * p;
    for(p=s;p<s+7;p+=2)
        printf("%c\n", * p);
}
```

3.

```
#include <stdio.h>
int max,min;
void max_min(int b[],int n)
{
    int * p;
    max=min= * b;
    for(p=b+1;p<b+n;p++)
        if( * p>max) max= * p;
        else if( * p<min) min= * p;
        return;
}
main()
{
    int a[5]={6,-2,3,4,7};
    max_min(a,5);
    printf("max=%3d,min=%3d",max,min);
}
```

习题 9 答案

一、填空题

1. 二进制文件　　2. 文件指针　　3. stdio.h　　4. rb

二、程序分析题

1. 该程序的功能是从键盘输入文件名,存放在数组 fname 里。随之将该文件打开。然后把键盘输入的字符逐一存入文件。当遇到输入的字符是"#"时,输入和存放工作结束。

2. 从键盘输入两个学生数据写入一个文件中,再读出这两个学生的数据显示在屏幕上。

参 考 文 献

[1] 康玉忠,扶卿妮,樊红珍,等. C 语言程序设计教程[M]. 北京:中国商业出版社,2010.

[2] 谭浩强. C 程序设计[M]. 北京:清华大学出版社,1999.

[3] 杨开城. 白话 C 语言[M]. 北京:电子工业出版社,2010.

[4] 黄维通,马力妮. C 语言程序设计习题解析与应用案例分析[M]. 北京:清华大学出版社,2004.

[5] 杨旭. C 语言程序设计案例教程[M]. 北京:人民邮电出版社,2005.

[6] 杨威. C 语言程序设计项目引导教程[M]. 北京:中国水利水电出版社,2010.

[7] 李学军. C 语言程序设计[M]. 北京:中国铁道出版社,2008.

[8] H.H.Tan,T.B.D'Orazio. C 语言程序设计教程(英文版)[M]. 北京:机械工业出版社,2013.

[9] Yashavan P.Kanctkar. C 程序设计基础教程(英文版)[M]. 8 版. 北京:电子工业出版社,2009.